Wissenschaftliche Taschenbücher WTB

Mathematik · Physik

Robert Rompe
Hans-Jürgen Treder

Über die Einheit der exakten Wissenschaften

THEORIA CUM PRAXI

Akademie-Verlag · Berlin

WTB Wissenschaftliche Taschenbücher

Eine Auswahl lieferbarer Bände:

HEINRICH ARNOLD
Physikalische Chemie der Halbleiter

JOACHIM AUTH / DIETMAR GENZOW
KLAUS H. HERRMANN
Photoelektrische Erscheinungen

HANS BANDEMER
ANDREAS BELLMANN
WOLFHART JUNG / KLAUS RICHTER
Optimale Versuchsplanung

FRANK BEICHELT
Prophylaktische Erneuerung von Systemen

JOACHIM BELLACH / PETER FRANKEN
ELKE WARMUTH / WALTER WARMUTH
Maß, Integral und bedingter Erwartungswert

WOLFRAM BRAUER
HANS-WALDEMAR STREITWOLF
Theoretische Grundlagen der Halbleiterphysik

SIEGFRIED BREHMER
Einführung in die Maßtheorie

SIEGFRIED BREHMER
Hilbert-Räume und Spektralmaße

JOHN CUNNINGHAM
Vektoren

GEORG DAUTCOURT
Relativistische Astrophysik

K. CH. DELOKAROV
Relativitätstheorie und Materialismus

HANNELORE FISCHER
JOACHIM PIEHLER
Modellsysteme der Operationsforschung

GOTTFRIED FRITZSCHE
Grundlagen und Entwurf passiver Analogzweipole
Netzwerke I

Entwurf passiver Analogvierpole
Netzwerke II

Entwurf aktiver Analogsysteme
Netzwerke III

Zeitdiskrete und digitale Systeme
Netzwerke IV

HERBERT GOERING
Asymptotische Methoden zur Lösung von Differentialgleichungen

HERBERT GOERING
Elementare Methoden zur Lösung von Differentialgleichungsproblemen

EDUARD HERLT / NIKOLAUS SALIÉ
Spezielle Relativitätstheorie

HELMUT HESS
Der elektrische Durchschlag in Gasen

V. I. KARPMAN
Nichtlineare Wellen in dispersiven Medien

A. R. KESSEL
Akustische Kernresonanz

KONRAD KREHER
Festkörperphysik

KARL LANIUS
Physik der Elementarteilchen

W. S. LETOCHOW
Laserspektroskopie

DIERCK-EKKEHARD LIEBSCHER
Relativitätstheorie mit Zirkel und Lineal

WOLFGANG MEILING
Digitalrechner in der elektronischen Meßtechnik
Teil 1: Meßmethodik
Teil 2: Gerätetechnik und Anwendungen

DIETER MICHEL
Grundlagen und Methoden der kernmagnetischen Resonanz

L. I. MIROSCHNITSCHENKO
Kosmische Strahlung im interplanetaren Raum

PETER PAUFLER
Phasendiagramme

ULRICH RÖSEBERG
Quantenmechanik und Philosophie

ALBRECHT ROST
Messung dielektrischer Stoffeigenschaften

J. V. SAČKOV
Wahrscheinlichkeit und Struktur

E. M. SAWIZKI
Perspektiven der Metallforschung

WOLFGANG SCHÄFER
Theoretische Grundlagen der Stabilität technischer Systeme

ERNST SCHMUTZER
Symmetrien und Erhaltungssätze der Physik

VOLKMAR SCHURICHT
Kernexplosionen für friedliche Zwecke

NORBERT SIEBER
HANS-PETER LEIDHOLD
Einführung in die Datenverarbeitung

Festkörperphysik
Entwicklungstendenzen und Anwendungsmöglichkeiten

Die Schöpfer der physikalischen Optik
Eine Artikelsammlung

HANS-GEORG SCHÖPF
Von Kirchhoff bis Planck

HORST MELCHER
Albert Einstein wider Vorurteile und Denkgewohnheiten

RENATE WAHSNER
Mensch und Kosmos
Die copernicanische Wende

HELMUT FRIEMEL / JOSEF BROCK
Grundlagen der Immunologie

EBERHARD HOFMANN
Funktionelle Biochemie des Menschen
Band 1 und 2

LOTHAR JÄGER
Grundlagen der Klinischen Immunologie

KARLHEINZ LOHS
DIETER MARTINETZ
Entgiftung – Mittel, Methoden und Probleme

JOACHIM NITSCHMANN
Entwicklung bei Mensch und Tier

STEPHAN SCHNITZLER
Pharmakologische Aspekte von Immunreaktionen

DIETER SPAAR
HELMUT KLEINHEMPEL
HANS JOACHIM MÜLLER
KLAUS NAUMANN
Bakteriosen der Kulturpflanzen

EBERHARD TEUSCHER
Pharmakognosie
Teil I–III

Heinrich Bremer
Klaus-Peter Wendlandt
Heterogene Katalyse

Gerhard Geiseler / Heinz Seidel
Die Wasserstoffbrückenbindung

Falko H. Herrmann
Martina Ch. Herrmann
Das Hämoglobin des Menschen

Helmut Hrapia
Einführung in die Chromatographie

Hans Luppa
Grundlagen der Histochemie
Teil I und II

Hasso Meinert
Fluorchemie

Dieter Onken
Antibiotika – Chemie und Anwendung

Horst Remane / Rainer Herzschuh
Massenspektrometrie in der organischen Chemie

Kurt Schwabe
pH-Messung

Vorschau auf die nächsten Bände:

Klaus Dittrich
Atomabsorptionsspektroskopie

Christian Edelmann
Druckmessung und Druckerzeugung

Detlef Gröger / Siegfried Johne
Mikrobielle Gewinnung von Arzneistoffen

Nina Hager
Modelle in der Physik

Klaus-Dieter Jentzsch
Regulation des Wachstums und der Zellvermehrung

Hans Neumann / Klaus Schäfer
Elektrische und elektronische Meßtechnik

Ernst Schmitz
Organische Zwischenprodukte

Wolfgang Wagner
Chemische Thermodynamik

WTB

BAND 279

Robert Rompe
Hans-Jürgen Treder

Über die Einheit der exakten Wissenschaften

AKADEMIE-VERLAG · BERLIN

Reihe MATHEMATIK UND PHYSIK

Verfasser:

Prof. Dr. phil. Dr. rer. nat. h. c.
Dr.-Ing. e. h. Robert Rompe
Ordentliches Mitglied der Akademie der Wissenschaften der DDR

Prof. Dr. rer. nat. habil. Dr. h. c.
Dr. rer. nat. e. h. Hans-Jürgen Treder
Ordentliches Mitglied der Akademie der Wissenschaften der DDR

1982
Erschienen im Akademie-Verlag,
DDR-1086 Berlin, Leipziger Straße 3—4
Lektor: Dipl.-Phys. Ursula Heilmann

Lizenznummer: 202 · 100/585/81
Gesamtherstellung: VEB Druckhaus „Maxim Gorki“,
7400 Altenburg
Bestellnummer: 7629842 (7279) · LSV 1104
Printed in GDR
DDR 8,— M
ISSN 0084-098X

Inhaltsverzeichnis

„Die euklidische Geometrie war das erste Beispiel für die Umsetzung einer zwei- oder dreidimensionalen räumlichen Entwicklung in die Eindimensionalität der geschriebenen Sprache."
René Thom (geb. 1923)

Vorwort

Unser Buchtitel fordert eine Erläuterung. Wissenschaft als alternativlose, unersetzliche Voraussetzung der menschlichen Entwicklung — heute kann man sagen der Weiterexistenz der Menschheit — ist etwa so alt, wie Menschen gelernt haben, ihre auf die Bewältigung der Probleme der unbelebten, aber auch belebten Umwelt orientierten Erfahrungen und Fähigkeiten schriftlich niederzulegen und über die Generationen weiterzugeben. Mit der schriftlichen Fixierung wurde ein entscheidender Schritt getan. Der niedergeschriebene Text ist zwar ärmer an Aussagepotenz als der mündliche Vortrag — denn dieser kann durch Betonung, Tonfall, Wechsel von gesprochenem und gesungenem Text, Gestik und Mimik unterstützt und damit ausdrucksfähiger werden —, allerdings hat er dafür auch den Nachteil, mißverständlicher und weniger präzise einen konkreten Sachverhalt widerzuspiegeln. Wenn Arthur Schnitzler am Anfang des Jahrhunderts schrieb, Wissenschaft sei, was einer (natürlich ein Fachmann) vom anderen abschreibt, so hat er damit intuitiv eine treffende Aussage gemacht: Zum einen ist Niederschrift eine Voraussetzung für Wissenschaft, zum anderen ist das Abschreiben, wenn es nicht mechanisch-wörtlich geschieht, sondern unter dem Aspekt einer Bewertung der enthaltenen Aussagen durch den Abschreibenden, ein Teil eines Itarationsvorganges. Dieser führt zur Konsolidierung der wissenschaftlichen Aussage und zur Herstellung der für die Bewertung wissenschaftlicher Ergebnisse wertvollen Meinungsbildung der Wissenschaft.[1]) Natürlich ist die zugrunde liegende Fähigkeit des Menschen, zweckmäßig (im Sinne der DARWINschen Evolution) die Umwelt zu spiegeln und sinnvoll auf sie zu reagieren, älter als die geschriebene Wissenschaft und reicht offenbar weit in das dem Menschen vorangehende Tierreich hinein. Ein Gedanke, der sich sowohl bei F. ENGELS wie bei L. BOLTZMANN findet.

In diesem Gesamtkomplex kommt der Physik ein bestimmter Kompetenzbereich zu und der Mathematik ebenfalls. Wenn wir den Zuständigkeitsbereich der Mathematik dort sehen, wo diskrete „körperliche Objekte" in Mehrzahl Abzählung und Anordnung nahelegen, so ist die Physik offenbar mit der Erforschung der Bewegung der „körperlichen Objekte" und (in Einheit mit der Chemie) von qualitativen Änderungen an ihnen verbunden.

Die intuitiv-empirische Beherrschung gewisser Gesetzmäßigkeiten der Mechanik entsteht aus einer Verkopplung von Beobachten, Lernen und Handeln, die älter ist als der Mensch. Etwas pointiert gesagt: die Lebewesen, die diese Elemente der Mechanik nicht hinreichend gemeistert haben, sind inzwischen ausgestorben. Aus solchem, durchaus effektiven Fundus mathematisch-naturwissenschaftlicher Fähigkeiten sind hervorragende Ergebnisse auf vielen Gebieten der mechanischen und chemischen Technik hervorgegangen, aber auch auf dem Gebiet der Züchtung von Pflanzen und Tieren, wobei die Domestizierung den Menschen einen großen Produktivitätsgewinn erbrachte.

Auch heute noch spielt intuitiv-empirisches Vorgehen in vielen Teilen der Wissenschaft eine bedeutende Rolle. Man denke nur an die vielen beschreibenden, auf Beobachtungen zurückgehenden Teile der Naturwissen-

---

[1]) Man könnte sagen, daß die bewußten (oder manchmal) auch unbewußten „Abschreibfehler" zur Verbesserung des Wahrheitsgehaltes der Texte beitragen. Jahrhundertelang war jedenfalls die modifizierte Reproduktion von klassischen Texten die hauptsächliche Form der Weiterentwicklung wissenschaftlicher Auffassungen. (Damit gibt es eine Analogie der Wissenschaftsgeschichte zur genetischen Entwicklung!)

schaften und der Medizin. Vor allem aber spielt es eine hervorragende Rolle in der schnellen Umsetzung der im Prozeß der laufenden Produktion täglich anfallenden Erfahrungen und bei der Meisterung technologischer Prozesse. Hierauf haben wir bereits vor einigen Jahren in einem LEIBNIZ-Vortrag hingewiesen (s. Abschn. 10). Es ist aber keineswegs so, daß diese Aussage nur für die einer exakt-wissenschaftlichen Behandlung noch nicht zugänglichen Teile der Technologie gilt, auch in der Mathematik lassen sich ähnliche Zusammenhänge feststellen. Als Beispiel dafür sei ein Zitat aus einem Aufsatz von J. v. NEUMANN gebracht: „Nur in außergewöhnlichen Fällen ist es möglich, einen Prozeß zu verstehen, bevor man sich eingehend damit vertraut gemacht hat, wie man mit ihm umgeht, wie man ihn anwendet, und bevor man ihn auf intuitive und empirische Weise erfaßt hat“ (Mathematiker über die Mathematik, Springer-Verlag 1974, S. 29).

Es ist aber gewiß, daß der Fortschritt der Wissenschaft nicht nur und nicht einmal zuerst von der Akkumulation immer weiterer durch intuitiv-empirische Erfassung zusammengetragener Fakten bestimmt wird, sondern — im Sinne des eingangs Bemerkten — von der Möglichkeit der Herausbildung einer von der Gemeinschaft aller Wissenschaftler getragenen communis opinio. Damit diese große Gemeinschaft an der Bewertung einzelner neuer Zugänge der Wissenschaft beteiligt werden kann, ist eine möglichst unzweideutige schriftliche Fixierung erforderlich, die erst eine Diskussion ermöglicht. Bei diesem Prozeß ergibt sich die Stabilisierung wissenschaftlicher Begriffe bei gleichzeitiger optimaler Anpassung an die jeweilige Problematik und das Ausmaß der Einbeziehung mathematischer Methoden als wesentliches Mittel zur Erleichterung der unzweideutigen Weitergabe und zur Ermittlung der Tragfähigkeit einzelner Ergebnisse.

Wir können heute mit ziemlicher Sicherheit sagen, daß der Anschluß der Mathematik an die einzelnen Naturwissenschaften in zweierlei Formen vollziehbar ist: wenn es sich einerseits um Aussagen über abzählbare Bereiche handelt, wie z. B. bei der Populationsstatistik, oder andererseits um Aussagen über Beziehungen zwischen quantisierten Meßergebnissen, die dann zu ihrer Ordnung eine Begriffsbildung voraussetzen, analog zu der in der Physik.[1])

Die Mathematik liefert eine Zusammenfassung im Rahmen der Zuständigkeit der von ihr entwickelten Begriffe, was von einem großen methodischen Vorteil sein kann, da ganz verschiedenartige Geschehnisse der Wirklichkeit im mathematischen Sinne sehr ähnlich sein können. Es ist bekannt, daß rhythmische Bewegungen verschiedenen Ursprungs im biologischen und im kosmischen Bereich mathematisch viel Verwandtes haben können, ohne daß der Mechanismus der betrachteten Phänomene auch nur im entferntesten etwas miteinander zu tun hat. Das Aufdecken neuer Zusammenhänge im Bereich der Zuständigkeit der mathematischen Aussagen ist ein wesentlich heuristisches Element, obgleich es niemals eine Deckungsgleichheit der Aussagen der Mathematik und der Physik geben kann. Da aber sowohl die Physik wie auch die Mathematik jede für sich objektiv auf eine bestimmte Seite der Wirklichkeit bezogen sind, stehen naturgemäß die mathematische und die physikalische Seite der Aussage in einer dialektischen Verknüpfung.

Aus dieser Verknüpfung von Mathematik und Naturwissenschaften resultiert der Begriff der exakten Wissenschaften. Er wurde wohl zuerst von I. Kant in die Diskussion gebracht mit der bekannten Formulierung, daß an jeder Wissenschaft nur das als exakt angesehen werden kann, was Mathematik ist. Aber mit Recht wies Du Bois-Reymond darauf hin, daß zu Zeiten Kants Mathematik und Mechanik, d. h. Mathematik und Physik, eine Einheit gebildet haben und daß seine Aussage nichts anderes bedeutet, als daß die mathematisch-physikalische Be-

---

[1]) Vgl. hierzu auch den Vortrag von K. Fuchs auf der Jahreshauptversammlung der Physikalischen Gesellschaft der DDR 1980.

griffsbildung und Handhabung bei der Verknüpfung der Begriffe das Kriterium für die Exaktheit einer Wissenschaft ist. Das allerdings dürfte bis heute so geblieben sein.

Wenn wir eingangs darauf hingewiesen haben, daß die niedergeschriebene Wissenschaft in gewisser Hinsicht ärmer ist als die mündlich (akustisch und optisch) vorgetragene, so ist erst recht die Verbindung des physikalischen Gehaltes mit dem mathematischen wiederum eine Einschränkung der Aussage zugunsten einer größeren Freiheit von Mißverständlichkeit und Zweideutigkeit. Wir leben in einer Zeit, in der die Wissenschaft, um die weitere Existenz der Menschheit unter menschenwürdigen Bedingungen zu sichern, alle ihre Potenzen mobilisieren und alle Seiten menschlicher produktiver Tätigkeit durchdringen muß. Lenin sagte prophetisch, im Sozialismus wird die Wissenschaft den Alltag durchdringen. Dies besagt zweierlei: Einmal wird die Möglichkeit, daß die Wissenschaft den Alltag durchdringen kann, der Menschheit erstmals im Sozialismus geboten, und zweitens ist dieser Prozeß eine Voraussetzung für die Realisierung des Sozialismus/Kommunismus.

Es ist nach unserer Überzeugung unausweichlich, an die Zukunft der exakten Wissenschaften zu glauben. Nur in dieser Form werden sich die Wissenschaften weitgehend unabhängig von ihrem historischen Werdegang und von ihren Voraussetzungen in allen Teilen der Welt durchsetzen. Im Rahmen des heutigen Zustandes, wo die Wissenschaft nur zu einem Teil — und nicht einmal zum größten Teil — als „exakt" angesehen werden kann, gilt natürlich die Feststellung, die wir in einem unserer früheren Taschenbücher getroffen haben, nämlich daß die gesellschaftliche Wirksamkeit der Wissenschaft nur dort realisiert werden kann, wo man auch den kulturellen Hintergrund realisiert, der diese Wissenschaft hervorgebracht hat.

Im folgenden wollen wir deshalb einige Gedanken zu den tieferen Beziehungen von Mathematik und Physik vorlegen, ohne den Anspruch zu erheben, das Problem damit auch nur annähernd erschöpfend zu behandeln. Wir stehen hier auf demselben Standpunkt wie in unserer kleinen Mitteilung zur Frage der Beziehung von Mathematik und Physik aus dem Jahre 1966, die wir in unserem zweiten WTB (Grundfragen der Physik, 1980) wieder abgedruckt haben. Wir sind aber der Ansicht, daß der Erforschung der Beziehungen zwischen Mathematik und Physik, und damit aller exakter Naturwissenschaften, eine extrem große Bedeutung zukommt und daß gerade in dieser Hinsicht die Entwicklung der Physik der letzten 50 Jahre geradezu sensationelle Erkenntnisse gebracht hat. Von LAPLACE, LAGRANGE bis PLANCK, BOLTZMANN, EINSTEIN und BOHR waren sich die Physiker einig, daß, um mit F. KLEIN zu sprechen, die Gegenüberstellung von „Präzisionsmathematik" und „Approximationsmathematik" die Verhältnisse in der Wirklichkeit zutreffend wiedergibt. Die Aussagen der Quantenmechanik — insbesondere der Quantenfeldtheorie — zeigen aber, daß diese Unterscheidung im mikroskopischen Geschehen nicht enthalten sein kann, daß mathematische Abstraktionen wie der Differentialquotient die physikalischen Gegebenheiten weit besser wiedergeben als nur approximativ. Die Relativitätstheorie lehrt uns, daß die letzten Elementarteilchen — sowohl die Leptonen als auch die Quarks — exakte mathematische Punkte sein müssen, und die relativistische Quantenfeldtheorie ist in der Lage, Aussagen über notwendige Eigenschaften des physikalischen Kontinuums (des Vakuums) zu machen. Damit tritt zugleich etwas physikalisch Bemerkenswertes zutage: die Existenz von streng dissipationsfreien Vorgängen in der Natur, die die Konstanz der Grundzustände der Atome über Milliarden von Jahren bewirken und die verlustfreie Ausbreitung des Lichtes im Vakuum, ebenfalls in gleichen Zeiträumen.

In unseren folgenden Beiträgen wollen wir näher auf diese Problematik eingehen, möchten aber gleichzeitig in der Einleitung auf die Bedeutung dieser Feststellung hinweisen, auf die wohl als erster M. PLANCK in seinen Vorlesungen über das System der theoretischen Physik von 1910 hingewiesen hat.

Wir haben in unserem vorliegenden Taschenbuch auf die enge Verwandtschaft von „Protomathematik“ und „Protophysik“ hingewiesen. Im Sinne des oben Dargestellten sollte man beachten, daß die der Protomathematik zugrunde liegenden Begriffe einem bestimmten Aspekt der Wirklichkeit angemessen sind, die Begriffe der Protophysik aber einem anderen. Nach unserer Ansicht dürfte es nicht produktiv sein, hier eine Hierarchie konstruieren zu wollen, auch nicht im Sinne einer Priorität des Zahlbegriffes, wie sie etwa H. MINKOWSKI vorgeschwebt hat. Es dürfte hier jedoch im Sinne von EINSTEIN das gemeinsame ‚Substrat der körperlichen Objekte‘ das Wesentliche sein, welches auf der einen Seite der Mechanik, auf der anderen Seite der Mathematik zugrunde liegt. Diese für die Begriffsbildung der modernen Physik wesentlichen Zusammenhänge fanden schon vor POINCARÉ, HILBERT und EINSTEIN die Aufmerksamkeit von HELMHOLTZ und seinem genialen Schüler H. HERTZ. Wir verweisen besonders auf HELMHOLTZ’ „Einleitung zu den Vorlesungen über theoretische Physik“ (deren Neuausgabe uns als ein Desideratum der wissenschaftstheoretischen Literatur erscheint).

Die ersten sechs Abschnitte unseres Textes gehen auf Beiträge zurück, die wir aus verschiedenen Anlässen, meist an schwer zugänglichen Stellen, veröffentlicht haben. Wir haben sie hier gekürzt und versucht, Wiederholungen möglichst zu vermeiden. Der siebte Abschnitt faßt unsere Ergebnisse zusammen.

Viele Kollegen haben uns durch Diskussionen geholfen. Wir möchten hier nur L. BUDACH und P. A. THIESSEN unseren besonderen Dank sagen.

R. ROMPE
H.-J. TREDER

„Treffliche Erkenntnisse scheinen mir die Mathematiker gewonnen zu haben, und es ist kein Wunder, daß sie über die Einzeldinge der Wirklichkeit richtige Einsichten haben. Denn da sie über die Natur des Weltalls die richtige Erkenntnis gewonnen haben, war es natürlich, daß sie auch über die Beschaffenheit der einzelnen Dinge die richtige Einsicht gewannen."
ARCHYTAS VON TARENT aus „Harmonik" (5. Jh. v. u. Z.)

„Die Mathematik ist echte Wissenschaft, weil sie gemachte Kenntnisse enthält, Produkte geistiger Selbstätigkeit." NOVALIS (1772–1801)

„Der glückliche Blick des Naturforschers zeigt sich nun gerade darin, das scheinbar ganz verschiedenartigen Naturerscheinungen Gemeinsame herauszufinden, und der Erfolg ist um so glänzender, je verschiedenartiger die in Parallele gesetzten Erfahrungen anfänglich erschienen."
WALTHER NERNST (1864–1941)

1. Begriffsbildung

In den letzten Jahren, mit zunehmender Einsicht in die Bedeutung der Wissenschaft für eine angemessene Sicherung und Bereicherung des Lebens einer an Zahl ständig wachsenden Menschheit, wird immer wieder von der Einheit der Wissenschaft gesprochen. Weniger aus wissenschafts-theoretischem Aspekt, aus der Erkenntnis gemeinsamer Wurzeln aller Wissenschaften heraus, als aus der Notwendigkeit komplexer Nutzung der Wissenschaft ohne Schranken durch wirtschaftlich-ökonomische Einzelinteressen und Spezialistenideologien. Denn wenn auch die Handhabung und Manipulierung der Wissenschaft durch Interessentengruppen in dem großen und ökonomisch starken Teil der vom Kapitalismus beherrschten Welt aus der Nutzung der Wissenschaft wachsende Disproportionen entstehen läßt, die die ohnehin schon vorhandenen laufend verstärken, so schafft die kaum zu bändigende Spezialisierungstendenz innerhalb der Wissenschaft selbst überall dort, wo Geld für Wissenschaft leichtes Geld ist, durchaus analoge Erscheinungen.

Deshalb ist die Bemühung um die Einheit der Wissenschaft ein höchst nützliches Unternehmen, aber zugleich auch von ausschlaggebender Bedeutung für die Wissenschaft selbst, die sich heute bei ihrer großen, aber aufwendigen Leistungsfähigkeit mehr denn je davor hüten muß, bei Verstößen in den Urwald der Wirklichkeit in dichtem Dornengestrüpp stecken zu bleiben und sich gegebenenfalls auf das berühmte Argument von PROPERZ „in magnis et voluisse sat est" zu berufen.[1])

Naturgemäß denkt niemand bei dem Wort „Einheit der Wissenschaften" an eine Einheitswissenschaft, die alle Disziplinen umfaßt und ersetzt; es gibt sie ebensowenig wie eine universelle „Weltformel". Die Wirklichkeit ist komplex und dialektisch kompliziert, ihre Beherrschung erfordert verschiedenste, zum Teil einander ausschließende Aspekte (Komplementarität), wie sie vor allem in unseren seit Jahrhunderten entstandenen Hauptdisziplinen, Mathematik, Physik, Chemie, Biologie, Technik, Gesellschaftswissenschaften und Philosophie, gewachsen sind, die alle ihre Spezifik haben, alle „Wissenschaften eigenen Rechtes" sind, nicht substituierbar untereinander. Andere „Überwissenschaften", wie es zeitweilig von der Kybernetik und früher einmal — zu W. OSTWALDS Zeiten — von der „Energetik" behauptet wurde, gibt es nicht.

Allen Wissenschaften ist zweierlei gemeinsam: Sie entspringen der Konfrontation mit einer objektiven Wirklichkeit, die wir durch Denken „zutreffend" erfassen und so durch unsere Handlungen beeinflussen, gestalten oder ihren Auswirkungen begegnen können,[2]) wobei der Prozeß der Beherrschung der Wirklichkeit häufig mit dem praktischen Handeln beginnt. Denken und Handeln bilden dabei im Prozeß der Machtergreifung über unsere Umwelt zwei sich wechselseitig bedingende Bestandteile

---

[1]) V. F. WEISSKOPF erzählt hierzu die Anekdote vom „Löwenjäger".
[2]) Regenschirm

der Naturbeherrschung, zu der Erkenntnis und Gestaltung gleichzeitig gehören.

Die Wirklichkeit selbst ist das „unerschöpfliche Elektron“ LENINS oder der „Ozean des Unbekannten“ NEWTONS, der sich unbegrenzt nach Weite und Tiefe auftut. EINSTEIN sagte aber auch, daß dies der menschliche Verstand mit der Natur gemeinsam hat. Die Natur ist unerschöpflich, der Verstand gemäß EINSTEIN aber in der Lage, diese Unerschöpflichkeit immer wieder nachzubilden und hierbei immer wieder neue Prinzipien zu erkennen und neue Methoden zu ersinnen, mit denen er neue, bisher unbekannte Züge der Realität erfaßt. – „Unlösbare Probleme gibt es überhaupt nicht!“, sagte HILBERT, „aber der Probleme ist kein Ende!“

Die bedeutenden Fragen der Wissenschaft – nicht nur die bedeutenden Probleme der gesellschaftsrelevanten Technik – sind meist äußerst komplex und erfordern eigentlich Beiträge aus verschiedensten Grunddisziplinen, wobei allerdings häufig diese Erkenntnisse aus dem Weltfundus abgerufen werden können, so daß nur eine Disziplin „herausgefordert“ erscheint.

Von dieser Nebenbedingung her ist deshalb die Kommunikation unter den Wissenschaftlern verschiedener Disziplinen eine unerläßliche Voraussetzung für die Lösung großer, noch offener Fragen. Dazu gehört eine wechselseitig verständliche, wissenschaftlich vertretbare, „exakte“ Begriffsbildung und möglichst Übereinstimmung bei der Bildung adäquater Begriffe. (Das ist auch der Ort, wo die Mitwirkung der Philosophen produktiv für die Spezialdisziplinen wird.) Um so mehr, als erfahrungsgemäß sich lokal, aber häufig, Gruppen mit eigenem Fachjargon herausbilden, der den esoterischen Tendenzen der Spezialisten entgegenkommt, aber kein Ersatz für den meist langwierigen Prozeß der produktiven, wissenschaftlichen Begriffsbildung ist und mit dieser nicht verwechselt werden sollte. Vor allem verhindert der Fachjargon die Herausbildung der communis opinio der Wissenschaftler selbst in der eigenen Disziplin, und führt dazu, daß

„lokale“ Ereignisse als Fortschritt der Gesamtwissenschaft ausgegeben werden können.

Man sollte daran denken, daß Zünfte, Alchimisten, Astrologen und Schamanen auch ihren Fachjargon zu entwickeln imstande waren und dieser in der Tat in der vorwissenschaftlichen Zeit der Meisterung der Natur mit ihren zweifellos großen Leistungen seine Berechtigung hatte.

Wohl die älteste Erfahrung in der Ausarbeitung einer produktiven, der Wirklichkeit adäquaten und unzweideutig weitergebbaren Begriffsbildung haben Mathematik, Physik und Chemie. Über die Begriffsbildung der Physik und deren Beziehung zur Mathematik und Erkenntnistheorie gibt ein interessanter Aufsatz von K. FUCHS im Festband „75 Jahre Quantentheorie“ Auskunft.[1]) Wir möchten ausdrücklich auf diesen verweisen, weil das Vorgehen der Physiker mit ihrer Verflechtung mathematischer, theoretischer, experimenteller und technischer Argumentation auch als allgemeines Modell für andere Wissenschaften angesehen werden sollte. Diese Methode, zu exakten Begriffen zu kommen, ist weder in ihrer Wirksamkeit auf die Physik beschränkt noch das Monopol der Physik. Wir glauben, daß von dieser Seite her am zweckmäßigsten die gemeinsame Sprache der Wissenschaften zu erzielen sein wird, die eine wesentliche Voraussetzung für die Ausbildung einer nutzbaren Einheit der Wissenschaft ist, die sich nicht nur auf spontane oder mehr oder weniger zufällige Ergebnisse berufen kann.

Unter unserer Überschrift wollen wir uns zu einem Thema äußern, das zweifellos zum Gesamtproblem der Einheit der Wissenschaft gehört und das sich, wie wir in zahlreichen Diskussionen festgestellt haben, um das alte Problem gruppiert: „Welches sind die tieferliegenden Beziehungen zwischen der Mathematik — diesem Pro-

[1]) 75 Jahre Quantentheorie. Festband zum 75. Jahrestag der Entdeckung der Planckschen Energiequanten. Abhandl. d. Akad. d. W. der DDR N7 (1977), Akademie-Verlag Berlin, Seite 33

dukt reiner Gedankentätigkeit, wie EINSTEIN es genannt hat — und den Naturwissenschaften, die mit der Erforschung der realen Welt zu tun haben und für die wir stellvertretend die Physik nehmen?"

Wir haben uns in den letzten Jahren mehrfach dazu geäußert[1]) und haben hier nicht die Absicht, das dort Gebrachte in extenso zu wiederholen. Wir haben den Eindruck, daß das Problem der Beziehungen der Mathematik zur Physik auch hochgradig komplex ist und wahrscheinlich eines der ganz grundlegenden Probleme der Wissenschaft, um nicht zu sagen, *das* zentrale Problem. Wir glauben, daß man in einem solchen Fall zweckmäßigerweise der Problematik immer neue Aspekte abgewinnen muß.[2])

---

[1]) ROMPE/TREDER, Über Physik, Akademie-Verlag, Berlin 1979, und Grundfragen der Physik, Akademie-Verlag, Berlin 1980.

[2]) A. S. EDDINGTON schrieb in seinem bekannten Buch „Raum, Zeit, Schwere", Braunschweig 1923:
„Die physikalische Wirklichkeit ist eine Synthese aller möglicher Formen, in denen die Natur physikalisch auftritt ... zur Wirklichkeit gelangen wir nur, wenn wir alle möglichen Gesichtspunkte miteinander vereinigen."

„So gibt es Eigenschaften, die allen Dingen gemeinsam sind." BLAISE PASCAL (1623–1662)

„Geometrie ist nichts als ein Teil der Physik; die geometrischen Wahrheiten sind in keiner einzigen Hinsicht prinzipiell anders gestellt oder anders geartet als die physikalischen."
DAVID HILBERT (1862–1943)

2. Mathematik als Naturwissenschaft

Vor etwa 20 Jahren erschien ein unter Mathematikern viel beachtetes Werk von N. BOURBAKI: „Elements d'histoire des mathematiques", in welchem sich in einem der „Architektur der Mathematik" gewidmeten Kapitel folgende Sätze finden:

„... das grundlegende Problem liegt in den Wechselbeziehungen der experimentellen und der mathematischen Welt. Daß zwischen den experimentellen Vorgängen und den mathematischen Strukturen eine enge Beziehung besteht, wurde, wie es scheint, völlig überraschend bestätigt durch die kürzlichen Entdeckungen der Physik unserer Tage – aber uns sind hierfür die tieferen Gründe völlig unbekannt (wenn man nur diesen Worten irgend einen Sinn zuschreiben darf), und es kann sein, wir werden sie nie kennen ...

Bevor die revolutionäre Entwicklung der modernen Physik eingesetzt hat, wurde nicht wenig Arbeit aufgebracht aus dem Wunsch heraus, die Mathematik um jeden Preis dazu zu bekommen, aus den experimentellen Wahrheiten zu entstehen; aber einerseits hat die Quantenphysik gezeigt, daß diese „makroskopische" Intuition der Wirklichkeit „mikroskopische" Vorgänge ganz anderer Art verhüllt, wobei für deren Erforschung solche Teile der Mathematik erforderlich sind, welche bestimmt nicht erfunden wurden mit dem Ziel der Anwendung auf experimentelle Wissenschaften, auf der anderen Seite hat die axiomatische Methode gezeigt, daß die Wahrheiten, aus denen man die Herzstücke der Mathematik machen wollte, nur sehr spezielle Aspekte allgemeinerer

Konzeption darstellen, die durchaus nicht auf die Anwendung in diesen speziellen Fällen beschränkt sind. Im Endeffekt erscheint diese intime gegenseitige Durchdringung, deren harmonische Notwendigkeit wir soeben bewundert haben, nicht mehr als ein zufälliger Kontakt von Wissenschaftlern, deren Beziehungen wesentlich mehr verborgen sind, als das a priori erschien."

Was hier von Mathematikern vorgebracht wurde, findet sich als Fragestellung bereits sowohl bei Mathematikern wie B. Riemann, F. Klein, D. Hilbert wie auch bei Physikern wie L. Boltzmann und A. Einstein. Von Einstein stammt die Frage: „Warum paßt die Mathematik so gut auf die Gegenstände der Wirklichkeit?"

Um diese Frage soll es gehen.

Wir sind uns naturgemäß bewußt, wie eingangs gesagt, daß wir nur Teilaspekte vorbringen können. Wir sind aber der Überzeugung, daß es sich hier um ein Problem mit großer Breitenwirkung handelt, da mit der Anwendung mathematischer Strukturen auch der reproduzierbare, unmißverständliche und weitergebbare Anteil der Wissenschaft zusammenhängt.

Wir möchten uns nicht der resignierenden Äußerung von N. Bourbaki anschließen „es kann sein, wir werden es nie wissen", wir wollen uns an die Antwort D. Hilberts an Du Bois-Reymond anschließen: „Wir müssen wissen, wir werden wissen", weil sie dem grundsätzlichen Optimismus der Wissenschaft entspricht. Obgleich von den von Du Bois-Reymond aufgeworfenen Fragen auch noch nach 100 Jahren stürmischem erfolgreichem Vormarsch der Wissenschaft einiges offen geblieben ist. Wir möchten darin keineswegs ein Zeichen der Ohnmacht der Wissenschaft erblicken, sondern eher die Tatsache, daß diese Fragestellungen nicht produktiv im Sinne des Fortschritts der Erkenntnis waren, oder auch, daß sich die Wissenschaft nicht immer zielgerecht auf die Lösung erkannter bedeutender Fragen konzentriert hat, dafür aber häufig auf Seitenpfaden unvorhergesehene und wenig mühevolle Ernten glücklich eingebracht hat.

Es kommt auch darauf an, was man als Aufgabe der Wissenschaft anzuerkennen bereit ist. Wenn man mit MARX und ENGELS die Beherrschung der Natur zum Wohle der Menschen als letztes Ziel der Wissenschaft ansieht, ist die Beantwortung einzelner „an sich sinnvoller Fragen“ nicht vordringlich, sofern man nur auf die eine oder andere Weise Verfahren zur Beherrschung der Natur erarbeiten kann.

Wenn wir unter diesem Gesichtspunkt in der Überschrift „exakte“ Wissenschaften geschrieben haben und unser Anliegen an dem Verhältnis von Mathematik und Physik erläutern, so stützen wir uns darauf, daß durch den Nachweis der dialektischen Verbindung der Mathematik mit der physikalisch-chemischen Atomistik eine Absicherung weiter Teile aller Naturwissenschaften (und vielleicht auch einzelne Disziplinen der Gesellschaftswissenschaften) erreicht wird,[1]) nachdem die moderne Physik, ausgehend von der kinetischen Theorie der Gase und der Quantenphysik von Atomen und Molekülen, die Identität von Physik und Chemie im „Mikroskopischen“ aufgezeigt hat.

Wenn man an Mathematiker die Frage richtet, wen sie für die bedeutendsten Vertreter ihrer Disziplin halten, so kommt meist die Antwort: ARCHIMEDES, NEWTON, GAUSS. Die analoge Frage an Physiker gerichtet, ergibt wohl immer eine Antwort, die neben ARCHIMEDES und NEWTON EINSTEIN nennt. Daß ARCHIMEDES und NEWTON die Physik und Mathematik als Einheit gehandhabt und ihre für beide Disziplinen revolutionierenden Einsichten daraus errungen haben, ist bekannt. GAUSS' Beitrag zur Entwicklung der Mathematisierung der Physik ist enorm und ist über DIRICHLET und RIEMANN in der Göttinger

---

[1]) Diese Auffassung scheint auch seinerzeit in der Schule von HELMHOLTZ verbreitet gewesen zu sein, als deren prominenten Vertreter wir DU BOIS-REYMOND ansehen dürfen, der das bekannte Wort von I. KANT über die Exaktheit in den Wissenschaften so interpretiert hat, daß es sich um die mathematisierte Mechanik handele, da zu Zeiten von KANT Mathematik und Mechanik tatsächlich noch eine Einheit darstellten.

Schule ausgebaut worden, und was Einstein anbelangt, so hat er auf Antrag des wohl prominentesten Vertreters der Göttinger Mathematik unserer Zeit, D. Hilbert, eine Auszeichnung als hervorragendster Mathematiker des 20. Jahrhunderts erhalten. Es ist demnach sicher, daß die Schöpfer bahnbrechender Erweiterungen des Horizontes in beiden Disziplinen kreativ waren. Die zweifellos nicht zufällige Verbindung zwischen beiden Disziplinen in der Sphäre der Begriffsschöpfung der Grundlagen sagt naturgemäß nichts aus über die mit den jeweils adäquaten Methoden der Weiterentwicklung erreichte Ausgestaltung der Disziplinen. Sie sind selbstverständlich nicht deckungsgleich; aber es gibt offenbar ein Gebiet der Begriffsbildung, in welchem die Quelle für die produktive Entwicklung für beide sprudelt.

Wenn wir das Resultat unserer Überlegungen kurz vorwegnehmen wollen, handelt es sich bei beiden Disziplinen um Aspekte der Wirklichkeit, die auf die gleichen intuitiven Gegebenheiten zurückgehen und deren Auswertung nach verschiedenen Gesichtspunkten die Disziplinen weiter auseinander geführt haben. Wir möchten wiederholen, daß wir gerade hierin ein Zeichen der Adäquanz unseres Vorgehens bei der Abbildung der Wirklichkeit erblicken. Sie kann niemals auf eine einzige Begriffsorientierung reduziert werden, sondern sie bedarf immer verschiedener Aspekte (die allerdings in der Wurzel auf eine unmittelbar der Wirklichkeit entstammende Gegebenheit zurückgehen).

Es ist zweckmäßig, sich bei solchen Fragen von Denkgewohnheiten zu lösen. Die Produktivität der wissenschaftlichen Begriffsbildung erweist sich meist erst in längeren Zeiträumen schöpferischer Diskussionen und Überprüfungen durch Experiment und Praxis. Am Anfang steht häufig — in der Physik meistens — die Analyse und Relativierung eines als selbstverständlich angenommenen Zusammenhangs. Die Physik hat in den letzten 100 Jahren durch Begriffe wie „Gleichzeitigkeit", „Fernwirkung", „instantane Übertragung von Wirkung",

„Unterscheidbarkeit mikroskopischer Objekte“, „euklidische Geometrie“, „Möglichkeit, Ort und Geschwindigkeit gleichzeitig zu messen“ — nur um einige Worte zu nennen — ihren Horizont erweitert, indem sie die als selbstverständlich angenommenen Begriffe relativiert hat.

Zu den problematisch gewordenen Begriffen gehört auch die Aussage, daß es abzählbare Objekte gibt. Sie geht weit über die Verständnismöglichkeit der klassischen Physik hinaus, bei makroskopischen Objekten (kondensierte Materie) reicht zum Verständnis die Quantenphysik aus, bei mikroskopischen Objekten auch diese nicht. Wir wissen bis heute nicht, was das Elektron veranlaßt, einen Bereich von der Größe des klassischen Elektronenradius oder der COMPTON-Wellenlänge einzunehmen. (Wenn die Worte, die wir soeben verwenden, hier überhaupt noch eine Bedeutung haben!)

Zu diskutieren ist aber auch die „protomathematische“ (HILBERT) Operation des „Abzählens“. Abzählbare Objekte („Spielmarken der Protomathematik“) müssen wohldefinierbar, unterscheidbar und wiedererkennbar und damit ausreichend beständig und abgegrenzt sein, wie dies die Festkörper in der Makrophysik (und auch die Moleküle und Atome der klassischen Atomistik) sind. Daß es diese Festkörper oder Moleküle gibt, ist aber eine Aussage, deren physikalisches Verständnis über die klassische Mechanik zur Quantenmechanik führt. Diese erklärt uns die Existenz der Festkörper, Moleküle und Atome. Deren Bausteine, die „Elementarteilchen“, sind aber nicht mehr allgemein „unterscheidbar“ und markierbar. Auch erklärt die Quantenphysik letzlich nicht die Existenz und Beständigkeit der Elementarteilchen selbst. Wir wissen z. B., wie eben gesagt, nicht, was das Elektron veranlaßt, in einem Bereich von der Größe des klassischen Elektronenradius $a \approx 10^{-13}$ cm den Raum effektiv einzunehmen. Anders gesagt, wir verstehen nicht die Masse m des Elektrons der Ladung e $\left(a \approx \frac{e^2}{mc^2}\right)$. Ferner wissen wir nicht, weshalb die Elektronenladung e gerade durch $e^2 = \frac{hc}{137}$ gegeben ist. Wir verstehen nicht die SOMMERFELD-Konstante $\frac{e^2}{hc}$ und auch nicht die COMPTON-Wellenlänge $\Lambda_C = \frac{h}{mc} = 137 \frac{e^2}{mc^2}$ des Elektrons (die so etwas wie eine „wellenmechanische Ausdehnung“ bestimmt).

Die gemeinsamen Wurzeln von Mathematik und Physik sind wohl in Sphären zu suchen, wenn wir Gedanken aufgreifen, die sich z. B. bei L. BOLTZMANN finden,[1]) die offenbar bereits weit vor dem Entstehen des bewußten Denkens, vor dem „Organon“ des ARISTOTELES, vor den „Elementen“ des EUKLIDS formiert wurden und offenbar durch Prozesse der DARWINschen Evolution dem rigorosen Kriterium der Bewährung in der Praxis unterworfen worden sind. Man sollte daran denken, welch höchst komplizierte technologische Abläufe die Menschen bereits in grauen Vorzeiten zu meistern gelernt hatten aufgrund eines intuitiv-empirischen Vorgehens, das sich selbst zu hoher Leistungsfähigkeit entwickelt hat, und staunen, über welch hohen Grad der erfahrungsmäßigen Beherrschung der Natur sie verfügten. Dieses intuitiv-empirische Vorgehen ist grundsätzlich nicht verschieden von dem Denken, das wir im Alltag praktizieren. EINSTEIN schrieb: „Die Wissenschaft ist nichts als eine Verfeinerung des Alltagdenkens.“

So konnte naturgemäß eine „a priori“ Evidenz der Grundsätze der Logik, der Axiome des EUKLID zustande kommen. Aber die Selbstverständlichkeit und die entwicklungsgeschichtliche Begründung des Zutreffens dieser Aussagen enthebt uns nicht der Notwendigkeit der Prüfung ihrer Adäquanz. Und das gesellschaftlich bedeutende Problem der unzweideutigen Weitergebbarkeit der Ergebnisse läßt sich auf der Basis des intuitiv-empi-

---

[1]) Vgl. hierzu aber auch F. ENGELS, Dialektik der Natur

rischen Vorgehens nicht voll realisieren. Wir folgen Gedanken von L. BOLTZMANN und A. EINSTEIN, daß es sich zunächst um Aussagen über „körperliche Objekte" handelt. Diese können protophysikalische und protomathematische Züge haben, wie Individualität, Wiedererkennbarkeit, Unverwechselbarkeit, Abzählbarkeit, Nachbarschaftsbeziehungen zueinander, Möglichkeit der Anordnung nach Größe oder sonstigen Parametern, Eigenschaften der Bewegung und damit zeitlicher Veränderungen usw.

Aus diesen primären Gegebenheiten konnten durch Abstraktionen in verschiedenen Richtungen Zweige der Wissenschaften entstehen, die insgesamt durch den gleichen Tatbestand, die objektive Realität des wirklichen Geschehens und seiner Bestandteile, ausgelöst wurden, und die den gleichen Zweck hatten, unmißverständliche Aussagen von verschiedenen Aspekten her über die Wirklichkeit zwecks ihrer Meisterung zu liefern.

Eine Abstraktionslinie führt zum Begriff der Zahlen (2, 3, ...) und der Einheit (1), der Teilbarkeit der Zahlen als Aussage über einen physikalisch an Gegenständen (ausführbaren Prozeß und zu den Grundlagen der Arithmetik (Addition, Subtraktion, Multiplikation) mit ihren distributiven und kommutativen Gesetzen als Wiedergabe des physikalischen Verhaltens realer Dinge.

Der Begriff der Zahl erwies sich wegen seiner ungeheuren Allgemeingültigkeit und Unmißverständlichkeit (KRONECKER: „die ganzen Zahlen sind von Gott") von Anbeginn als besonders grundlegend, weil die Aussage, ob es sich um zwei oder drei Gegenstände handelt, unzweideutig ohne Rückgriff auf Koordinaten und Maßstäbe durch bloßes Anschauen, Anfassen entschieden werden kann. Sie ist unmittelbar gegeben. Daher rührt das Vertrauen auf alle Operationen, die aus den ganzen Zahlen heraus gewonnen werden können, und das ist weitgehend unsere gesamte Mathematik. Aber schon bei ARCHIMEDES steht die Feststellung, daß offenbar der Begriff der ganzen Zahl nicht die einzige Aussage ist, die aus der Wirklichkeit gewonnen werden kann, daß sie nicht die ganze Wirklichkeit ausschöpft. Das „Parallelogramm der Kräfte", das ARCHIMEDES bekannt war, zeigte, daß unter der Berücksichtigung der Nachbarschaftsbeziehungen der „körperlichen Objekte" Zahlen höherer Art (Vektoren, komplexe Zahlen, Quarternionen ...) in der Wirklichkeit vorkommen.

Eine andere Abstraktionslinie geht zurück auf kooperative Phänomene der „körperlichen Objekte" hinsichtlich ihrer „räumlichen Beziehungen" und führt auf Gebilde, die wir als Punkte, Geraden, Ebenen, Räume zu bezeichnen gewohnt sind, die Gegenstände der Geometrie. Jedes dieser kooperativen Gebilde ist autonom. Die Gerade wird zwar durch zwei Punkte festgelegt, kann aber nicht aus Punkten aufgebaut werden, da der Punkt als Abstraktion des „körperlichen Objekts" bei seiner Schrumpfung viele physikalisch-relevante Züge des „körperlichen Objekts" einbüßt, wie Ausdehnung, Markierbarkeit, Unverwechselbarkeit, und auch die Abzählbarkeit verliert. Hier gehen wiederum die abstrakten Begriffe der Geometrie auf unmittelbare Anschauung zugänglicher Dinge der Wirklichkeit zurück.

Eine weitere Abstraktionslinie berücksichtigt sowohl die räumliche Anordnung als auch die physikalische Tatsache der Bewegung der „körperlichen Objekte" gegeneinander, und damit kommen wir zu den Grundlagen der Mechanik, die wir in EINSTEINS „Physik und Realität" prägnant so aufgereiht finden:

Wenn man volles Vertrauen auf die reale Bedeutung der Raum-Zeit-Konstruktion hat, kann man das Fundament der Mechanik entwickeln.

Begriff des materiellen Punktes

Körperliches Objekt, das hinsichtlich seiner Lage und Bewegung hinreichend genau als Punkt mit den Koordinaten X_1, X_2, X_3 beschrieben werden kann. Beschreibung von dessen Bewegung (in bezug auf den Raum, in dem X_1, X_2, X_3 als Funktionen der Zeit gegeben sind).

NEWTONS Prinzipien enthalten also die Protophysik. Aber gerade dann, wenn die Protophysik des Alltags und die Physik der Meßprozesse NEWTONS Prinzipien befolgt, ergibt sich – außerhalb der Alltagsphysik – im Mikro- und Makrokosmos (die von EINSTEINS und PLANCKS Konstanten c und h nicht absehen kann!) die Quantenmechanik und die Relativitätstheorie.

Trägheitsgesetz

Verschwinden der Komponenten der Beschleunigung für einen materiellen Punkt, der von allen anderen hinreichend weit entfernt ist.

Bewegungsgesetz für den materiellen Punkt
(Kraft = Masse × Beschleunigung)

Kraftgesetze

Existenz von Wechselwirkungen zwischen materiellen Punkten. Eine wirkliche Theorie liegt erst dann vor, wenn die Kraftgesetze gegeben sind: Kräfte gehorchen dem Gesetz actio = reactio.

Die Grundlagen der Mechanik wurden von NEWTON in erschöpfender Weise formuliert, wobei der Kompetenzbereich der sogenannten klassischen Mechanik weit überschritten und wesentliche Züge der Quantenmechanik und der auch heute noch nicht existierenden Elementarteilchendynamik impliziert wurden, unmittelbar intuitiv von NEWTON der Wirklichkeit entnommen.

Die Hierarchie der adäquaten Begriffe führte auf die Meisterung der Vielteilchensysteme und das Auftreten eines neuen fundamentalen Begriffs als physikalische Eigenschaft, dem Wahrscheinlichkeitsbegriff, wobei man es als Kuriosität ansehen kann, daß die Entwicklung der Quantenelektrodynamik die Berechtigung des Begriffs der Wahrscheinlichkeit auch für einzelne Teilchen nachweist, da es in Wirklichkeit niemals ein Teilchen für sich allein gibt (Auftreten von virtuellen neben den aktualen Teilchen).

Wenn wir das vorangestellte HILBERT-Zitat ernst nehmen, können wir so eine lange Reihe von Bereichen der Mathematik auf physikalische Tatbestände zurückführen. Die hier vorgetragene Skizze soll die Gemeinsamkeit des gedanklichen Ursprungs aller dieser Gebiete wie Arithmetik, Geometrie, Mechanik, Wahrscheinlichkeitstheorie als einer Einheit vorführen, entspringend dem gleichen Tatbestand der objektiven Existenz „körperlicher Objekte“ und damit auch des „Dazwischen“ eines Vakuums, ohne das ihre Diskretheit nicht möglich wäre.

Wir möchten noch einmal kurz auf einige Unterschiede zurückkommen. Das Abzählen ist unserer Meinung nach die einzige absolute Operation der Erkenntnis, die wir an der Wirklichkeit vornehmen können. Die objektiven Erkenntnisse von Geometrie und Mechanik, die beide autonome Abstraktionslinien der physikalischen Wirklichkeit sind, müssen Gebrauch machen von Maßstäben und Uhren, da die Punkte ohne Koordinaten nicht abgezählt werden können und auch nicht unterschieden werden können, und das gilt insbesondere bei ihrer Bewegung. Aus der Verwendung von Maßstäben und Uhren entstanden reihenweise Komplikationen, vor allem kommen diese aus dem Problem des Transports der Meßmittel. Das Abzählen von Koinzidenzen von Ereignissen ist unabhängig von diesen Schwierigkeiten.

Wesentlich scheint uns die Bemerkung von BOURBAKI über die „makroskopische“ Intuition der Wirklichkeit und die „mikroskopischen“ Vorgänge in ihr.

In der Tat gibt diese Gegenüberstellung unserer Meinung nach einige Erkenntnisse der modernen Physik treffend wieder, wonach die sogenannte klassische Physik und ihr Begriffssystem, begründet auf Messungen mit Geräten, die notwendigerweise selbst voll in die Kompetenz der klassischen Physik fallen, als eine autonome Stufe der Erkenntnis (im Sinne von LENIN) aufgefaßt werden muß, deren Beherrschung Voraussetzung für das Erreichen der Erkenntnis höherer Vertiefung darstellt, ohne diese jedoch ausschöpfen zu können.

Auf der Stufe der klassischen Physik gilt, wie wir gezeigt haben, die von F. KLEIN vorgeschlagene, im Sinne von L. BOLTZMANN und A. EINSTEIN liegende Unterscheidung von Präzisions- und Approximationsmathematik. Die von BOURBAKI angesprochene revolutionäre Erkenntnis der Physik kann auch als die Entdeckung des Zutreffens mathematischer Wahrheiten in der physikalischen Wirklichkeit des Mikroskopischen aufgefaßt werden.

Interessanterweise geht die heute vorliegende Mathematik von den abzählbaren, diskret unterscheidbaren, wiedererkennbaren „körperlichen Objekten" aus, die auf die Begriffe der ganzen Zahl (2, 3, ...) und der Einheit (1), der Teilbarkeit usw. führen. So verstandene „körperliche Objekte" entsprechen aber keineswegs der durch die moderne Physik nachgewiesenen Unerschöpflichkeit des Elektrons (LENIN). Und dem physikalischen Gegenstück zum „körperlichen Objekt" in der Wirklichkeit, dem „physikalischen Kontinuum", wird in der Mathematik nicht Rechnung getragen. Zwar läßt sich aus den ganzen Zahlen das Zahlenkontinuum gewinnen, doch ist, wie H. WEYL gezeigt hat, damit bestenfalls ein Surrogat für das physikalische Kontinuum gefunden, da das Zahlenkontinuum aus wohlunterscheidbaren Elementen besteht, das physikalische Kontinuum hingegen aus den ununterscheidbaren Punktereignissen in der Relativitätstheorie.

So ist es verständlich, daß in der Behandlung der Probleme der Wirklichkeit zwischen Mathematik und Physik bemerkenswerte Differenzen auftreten und auftreten müssen. Wir wollen das im einzelnen durch eine physikalisch orientierte Darstellung erläutern, deren physikalische Aspekte auch Mathematikern verständlich sein dürfte.

„Es gibt zwei Arten von Wahrheiten: die logischen Wahrheiten und die tatsächlichen Wahrheiten."
GOTTFRIED WILHELM FREIHERR VON LEIBNIZ (1646 bis 1716)

„So ist die Gesetzmäßigkeit des Naturgeschehens die Grundbedingung aller Erkennbarkeit."
LUDWIG BOLTZMANN (1844–1906)

3. Physikalische Wege zu mathematischen Erkenntnissen

Seit GALILEI ist es evident, daß es Methode und Aufgabe der Physik ist, aus „Erscheinungen und Flucht" das relativ Konstante, Invariable und Invariante herauszupräparieren. Die Möglichkeiten und Voraussetzungen für dieses Festhalten des Invarianten und Invariablen bedingen sowohl die GALILEIsche „Protophysik" als auch die „Protomathematik" im Sinne von HILBERT; Protophysik und Protomathematik sind grundsätzlich dasselbe.

Protomathematik und Protophysik beruhen darauf, daß es möglich ist, Objekte zu isolieren und zu unterscheiden, derart, daß diese Isolierbarkeit und Unterscheidbarkeit relativ beständig ist und diese Objekte daher wiedererkannt werden können. Dies bedeutet: Es gibt Objekte, die numerierbar sind, derart numerierbar, daß sie sich wie Belegstellen in einer TURING-Maschine verhalten. Die Grundoperationen von Protomathematik und Protophysik sind dann das Abzählen, das Hinzufügen und das Wegnehmen von solchen Objekten.

Die elementare Realisierung dieser Objekte ist diejenige durch feste Körper. Aber bereits GALILEI benutzte implizit die Erkenntnis, daß auch andere physikalische Sachverhalte, z. B. die Bewegungen von festen Körpern, sich bezüglich ihrer „TURING-Eigenschaften" wie feste Körper verhalten, d. h., daß sie wiedererkennbar, unterscheidbar und numerierbar sind.

Diese Eigenschaften reichen aus, um alle algorithmisch

faßbaren Operationen, einschließlich der rekursiven Funktionen, protophysikalisch zu begründen.

Alles durch abzählbar unendlich viele algorithmisch definierte Operationen Ausführbare läßt sich interpretieren als Protoeigenschaften fester Körper bzw. als Eigenschaften von physikalischen Sachverhalten, die numerierbar sind.

Indem die Physiker nach invarianten Strukturen suchen, suchen sie nach denjenigen Operationen, die ein einmal gegebenes Objekt nicht ändern, bzw. sie suchen danach, wie die Operationen beschaffen sein müssen, die die gegebenen numerierbaren Objekte nicht zerstören.

Dies ist aber nur die eine Seite der Physik. Die Physik als allgemeine Dynamik will gleichzeitig auch erfassen, unter welchen Bedingungen und in welcher Weise einmal gegebene Strukturen verändert werden.

Eine allgemeine physikalische Theorie enthält sowohl Aussagen über das, was invariant bleibt, als auch über das, was sich ändert. Physikalische Theorien enthalten Aussagen über Integrale der Dynamik, die das Ergebnis von invarianten Eigenschaften sind, und über die Evolution jedes physikalischen Systems unter dem Einfluß der inneren und äußeren Bedingungen.

Auch rein algebraisch bedarf die Eingabe mathematischer Symmetrie-Eigenschaften einer empirischen Ergänzung. Symmetrie-Eigenschaften sind im allgemeinen in dem Sinne qualitative Aussagen, daß sie numerische Faktoren freilassen. Die Bestimmung der numerischen Faktoren bedeutet dann die Feststellung der Größenordnungen (im Vergleich zu Fundamentaleinheiten), mit denen die Objekte in die Dynamik eingehen. Bei vorgegebenen Symmetrien enthält eine physikalische Theorie notwendig immer mathematisch nicht bestimmbare numerische Konstanten, deren Wert nur durch das Experiment approximativ angebbar ist.

Symmetrien und Strukturen als Feststellung physikalischer Sachverhalte haben zunächst nur einen mathematischen Sinn. Ihre Bedeutung ergibt sich erst aus der

„physikalischen Sprache“, in der die mathematischen Theorien intentional interpretiert werden. Dies zeigt auch das von FELIX KLEIN diskutierte Beispiel des LAGRANGEschen Formalismus in RIEMANNschen Räumen.

Fußend auf den Axiomen der NEWTONschen Dynamik (und den ergänzenden Prinzipien von BERNOULLI und D'ALEMBERT), gab LAGRANGE seine Fassung des EULER-MAUPERTUISschen Prinzips der kleinsten Wirkung an, welche die Entdeckung involvierte, daß die analytische Mechanik eine Theorie der quadratischen Differentialformen ist. Das D'ALEMBERTsche Prinzip (tatsächlich NEWTONS 3. Axiom) besagt dann, daß gebundene Bewegungen zu einer Reduktion der Freiheitsgrade führen und die Führungskräfte dieser gebundenen Bewegungen erfaßt werden durch allgemeine (LAGRANGEsche) Koordinaten. Insgesamt ist nach LAGRANGE die klassische Dynamik NEWTONS darstellbar mit Hilfe von quadratischen Differentialformen in N-dimensionalen Räumen, wobei N die Zahl der Freiheitsgrade ist. Dieser nicht-euklidische Konfigurationsraum entspricht dann einem $3n$-dimensionalen Raum, n Körper mit $3n - N$ Zwängen, Zwangskräften im Sinne der NEWTONschen Mechanik.

LAGRANGE (und seine Nachfolger HAMILTON und JACOBI) nahmen aber grundsätzlich an, daß die analytische Mechanik physikalisch im dreidimensionalen euklidischen Raum als das Bewegungsproblem von n Körpern unter dem Einfluß der NEWTONschen Kräfte zu interpretieren ist. Das heißt, die semantische Interpretation der nichteuklidischen Geometrie des N-dimensionalen Raumes wird durch den euklidischen dreidimensionalen Raum der NEWTONschen Prinzipien gegeben.

Demgegenüber postulierte als erster HERTZ, daß der $3n$-dimensionale Konfigurationsraum selbst der „reale physikalische Raum“ ist. HERTZ meinte damit, daß eine vollständige Interpretation der Physik im dreidimensionalen Raum nicht möglich ist, die Projektion aus dem Konfigurationsraum in den dreidimensionalen Raum notwendig mit der Zerstörung physikalischer Strukturen und mit dem Verlust von physikalischem Inhalt verbunden ist. Diese Auffassung bewahrheitete sich in SCHRÖDINGERS Wellenmechanik, die grundsätzlich eine deterministische Physik im $3n$-dimensionalen Konfigurationsraum ist, die aber, in die dreidimensionalen Räume der physikalischen Messungen projiziert, zu reinen Wahrscheinlichkeitsaussagen führt.

RIEMANN nahm als erster an, daß der dreidimensionale Raum selbst auch ohne Zwangskräfte eine nicht-euklidische (RIEMANNsche) Struktur besitzt, und RIEMANN identifizierte diese Struktur mit physikalischen Feldern, besonders mit der Gravitation. Damit ging RIEMANN EINSTEINS Allgemeiner Relativitätstheorie voraus, die eine RIEMANNsche Metrik der $(3 + 1)$-dimensionalen Raum-Zeit-Welt annimmt.

Im Gegensatz zu EINSTEIN benutzte RIEMANN aber definite dreidimensionale quadratische Formenelemente. Der entscheidende Punkt in EINSTEINS ART ist formal die Ersetzung der dreidimensionalen definiten quadratischen Formen durch vierdimensionale indefinite Formen. Vierdimensionale indefinite Formen beschreiben auch die inneren Eigenschaften (Wellengleichungen) der physikalischen Kontinua NEWTONS, wobei dann die fundamentalen Geschwindigkeiten die jeweiligen örtlichen Schallgeschwindigkeiten sind. Jedoch betrachten sich solche Kontinuumstheorien als Approximationen einer in der NEWTONschen Raum-Zeit ablaufenden Vielteilchen-Mechanik. Mathematisch bedeutet dies, daß diese Kontinua tatsächlich in die NEWTONsche Raum-Zeit einbettbar sein sollen.

Eine solche Auffassung auch vom Wesen des elektromagnetischen Äthers vertraten LORENTZ und POINCARÉ. Sie erkannten, daß der Äther der MAXWELLschen Elektrodynamik in seinen inneren Eigenschaften durch eine indefinite vierdimensionale quadratische Form charakterisiert wird. MAXWELL, LORENTZ und POINCARÉ hielten dies aber für eine Substanzeigenschaft des Äthers (analog den Substanzeigenschaften anderer physikalischer Kontinua). Sie glaubten an die grundsätzliche Einbettbarkeit und Reduzierbarkeit des Äthers in die GALILEI-NEWTONsche Raum-Zeit und auf die NEWTONschen Prinzipien. Hierbei erkannte POINCARÉ, daß alle Teilchen, die — im modernen Sprachgebrauch — als Quasi-Teilchen des Äthers aufzufassen sind, eine LORENTZ-invariante Mechanik besitzen müssen (als ein solches Quasi-Teilchen sah POINCARÉ das Elektron an).

Die entscheidende Wendung EINSTEINS in seiner Speziellen Relativitätstheorie war, daß EINSTEIN die indefiniten vierdimensionalen quadratischen Formen von LORENTZ im Gegensatz zu POINCARÉ nicht als besondere Eigenschaften eines Mediums „Äther", sondern als Struktur der physikalischen Raum-Zeit selbst deutete.

EINSTEIN (und nach ihm MINKOWSKI) modifizierte die Sprache der Physik selbst, indem er nicht mehr davon ausging, daß die Ergebnisse der Physik letztlich in der Sprache der GALILEI-NEWTONschen Kinematik zu interpretieren sind. EINSTEIN nahm vielmehr an, daß die Semantik der Physik selbst abzuändern ist, derart, daß das physikalische Geschehen als ein Kausalnexus in der indefiniten Raum-Zeit-Welt erscheint, deren „fundamentale Wellengeschwindigkeit", die Lichtgeschwindigkeit im Vakuum, dann von „nichts anderem mehr abhängt" (PLANCK).

„Deshalb nehme ich kein Vakuum an, das unter die Materie verstreut ist, sondern ich betrachte diese als Dispersion im Vakuum."
ROGER BOŠKOVIČ (1711–1787)

„Irgendwie bricht die unaufhebbare Diskrepanz immer wieder durch, die zwischen dem wahren Kontinuum und einer Menge isolierter Elemente besteht."
HERMANN WEYL (1885–1955)

4. Das mathematische Kontinuum und das physikalische Vakuum

FREGE gab (hierin in Übereinstimmung mit den Auffassungen von POINCARÉ und BROUWER) zwei Quellen der Mathematik jenseits der menschlichen Subjektivität an.

Die erste Quelle ist die Existenz unterscheidbarer, wiedererkennbarer und damit numerierbarer Objekte. Die Erfahrung mit diesen Objekten liegt allen mathematischen Schlüssen zugrunde, die mit finiten (oder höchstens abzählbaren) Schritten arbeiten. Diese Erfahrung mit abzählbaren Objekten begründet die Aussagelogik, die gemäß FREGE ihrerseits die Arithmetik begründet. Das, was aus diesem Erfahrungsbereich stammt, läßt sich so algorithmisieren, daß es grundsätzlich mit Hilfe einer TURING-Maschine automatisierbar ist. (Genau diesen Bereich können die Computer modellieren, deren allgemeine Physik — unabhängig von ihrer elektronischen Realisierung — somit die elementare Protophysik ist.)

Die zweite objektive Quelle der Mathematik führt auf den Begriff des Kontinuums. Diese Quelle ist nach FREGE die elementare Geometrie und entsprechend deren protophysikalischer Begründung bei HELMHOLTZ, HILBERT, POINCARÉ und EINSTEIN die Kenntnis der Lagerungsmöglichkeiten und Verlagerungsmöglichkeiten fester Körper. Diese werden durch kontinuierliche Gruppen (LIE-Gruppe usw.) beschrieben.

3*

Eine andere, physikalische Begründung der Existenz eines Kontinuums gab BOLZANO auf Grund seiner mathematischen Entdeckungen der Existenz überabzählbarer Mächtigkeiten und der Überabzählbarkeit der Punktmenge des Kontinuums der Analysis.

BOLZANO bemerkte, daß die „Atome" der Physik, nämlich isolierte punktförmige Partikeln, die er „Substanzen erster Art" nannte, völlig voneinander isoliert nebeneinander bestehen. Es gibt von ihnen höchstens abzählbar viele, und Punktpartikeln liegen nirgendwo dicht. Eine Wechselwirkung, ein Kausalnexus zwischen den Substanzen erster Art verlangt, daß diese in eine Mannigfaltigkeit von „Substanzen zweiter Art" eingebettet sind, wobei Substanzen zweiter Art in sich dicht liegen müssen, so daß sie nicht isoliert sind. Die Ausdehnung eines Körpers oder Körpersystems ist dann durch die Substanzen zweiter Art, die zwischen den Substanzen erster Art liegen, gegeben.

Diese Substanzen zweiter Art bilden nach BOLZANO das reale Kontinuum, das somit als Träger aller physikalischen Wechselwirkungen Gegenstand der Physik ist, derart, daß z. B. die Entfernung zwischen zwei Punktpartikeln durch die Stärke der Wechselwirkung, die die Substanzen zweiter Art vermittelt, definiert ist.

Die Eigenschaften der Substanzen erster und zweiter Art müssen nach BOLZANO grundsätzlich verschieden sein. Die Substanzen unterscheiden sich also nicht nur durch ihre Anzahl. Sie unterscheiden sich vielmehr grundsätzlich dadurch, daß die Substanzen erster Art untereinander unterscheidbar und numerierbar sind, während den Substanzen zweiter Art diese Eigenschaft nicht zukommt. Das heißt, nach BOLZANO ist das physikalische Kontinuum nicht nur nichtabzählbar, sondern auch nichtwohlordenbar. Dies besagt, daß nach BOLZANO das physikalische Kontinuum nicht die Eigenschaften besitzt, die im klassischen Aufbau der CANTORschen Mengentheorie durch das ZERMELOsche Auswahl-Axiom postuliert werden. In der Tat hat CANTOR an BOLZANOS mathematischer

Definition des Kontinuums bemängelt, daß sich aus ihr die Möglichkeit ergibt, endlich viele Punkte zu entfernen, ohne die Struktur des Kontinuums zu verändern.

Das physikalische Kontinuum als Träger der physikalischen Wechselwirkungen ist der „Äther“ bzw. das physikalische „Vakuum“. Relativitätstheorie und Quantentheorie schreiben diesem Vakuum eine Mannigfaltigkeit von geometrischen und dynamischen Eigenschaften zu — Eigenschaften, die mit den Annahmen über die mathematische Struktur des Kontinuums gleich sein müssen. Denn die Relativitätstheorie impliziert, daß es unmöglich ist, sich im Vakuum allein zu orientieren. Vielmehr kommen nach der Relativitätstheorie (wie nach BOLZANO) alle Koordinatensysteme und damit Orts- und Richtungsangaben erst durch die Substanzen erster Art, die aktualen Teilchen, in die Welt hinein. Des weiteren verlangt die Quantentheorie grundsätzlich die Ununterscheidbarkeit aller Punkte des Kontinuums, die ja virtuelle Teilchen sind.

Schließlich führt das Postulat der Konsistenz von Quanten- und Relativitätstheorie, von Teilchen und Feld, zu der Einsicht, daß es grundsätzlich Meßschranken gibt, unter denen es nicht mehr möglich ist, zwischen Differentialgleichungen und Differenzengleichungen zu unterscheiden.[1]) Ferner folgt aus der Vereinigung von Quanten- und Relativitätstheorie die bemerkenswerte Aussage, daß es grundsätzlich nicht möglich ist, zwischen einer gequantelten und einer nichtgequantelten Metrik der Raum-Zeit zu unterscheiden.[2])

Es scheint uns, daß diese Aussagen mathematisch nur

---

[1]) F. MÖGLICH, R. ROMPE, Z. Phys. **113** (1939) 740. — Das ist wohl die erste Arbeit, die nichtlineare Differentialgleichungen physikalisch mit Differenzengleichungen in Korrespondenz setzt. Sehr allgemein. —
P. CALDIROLA, Introduction of the chronon. In: Relativity, Quanta, Cosmology, New York 1979.

[2]) H.-J. TREDER, On the problem of physical meaning of quantizitation of gravitation. In: Einstein-Centurial-Celebration, New York 1979.

dann widerspruchsfrei durchführbar sind, wenn man dem physikalischen Kontinuum nicht die Eigenschaft der Wohlordenbarkeit zuschreibt. Diese Eigenschaft führt die Substanzen zweiter Art viel zu nahe an die Substanzen erster Art heran. Das Kontinuum hat damit tatsächlich die von WEYL angenommenen „nicht-DEDEKINDschen“ Eigenschaften: Es enthält unendliche Teilmengen, die ihrerseits keine abzählbaren Teilmengen enthalten, und aus diesen nicht-DEDEKINDschen Mengen lassen sich dann natürlich keine Substanzen „auswählen“.

Das physikalische Kontinuum wird durch die Physik niemals ausschöpfbar sein, wohl aber macht die Physik notwendige Aussagen über dieses Kontinuum von wachsendem Inhaltsreichtum, und es scheint so, daß wir heute bereits genug über das physikalische Kontinuum wissen, um aussagen zu können, daß es nicht in die Axiomatik der klassischen Mengentheorie (Axiomen-System von ZERMELO oder v. NEUMANN) paßt. Vielmehr muß für das physikalische Kontinuum anstatt des Auswahlaxioms ausdrücklich die Existenz „nicht-DEDEKINDscher Mengen“ gefordert werden (wie dies WEYLS[1]) „Kontinuum“-Schrift annimmt und COHENS[2]) „Set theory and continuum hypothesis“ dem ZERMELO-FRAENKELschen Axiomen-System gegenüberstellt).

---

[1]) H. WEYL, Das Kontinuum, Leipzig 1918.

[2]) P. COHEN, Set theorie and the continuum hypothesis, New York 1966.

„Die Wissenschaft ist weiter nichts als die Verfeinerung des alltäglichen Denkens.“
ALBERT EINSTEIN (1879–1955)

5. Protophysik und Protomathematik

Wir wollen noch einmal auf die Gegenüberstellung makroskopisch—mikroskopisch zurückkommen. In der Tat basiert unser Denken, unsere Sprache, unsere Mathematik, Geometrie, Mechanik auf Erfahrung von makroskopischem Geschehen in der Wirklichkeit, Experimenten mit makroskopischen Mitteln, wie Anlegen von Maßstäben oder Winkelmessen an makroskopischen Dingen. Nichtsdestoweniger gibt es wohl keinen Physiker, wahrscheinlich auch keinen Mathematiker oder Naturwissenschaftler, der ernstlich daran zweifelt, daß Atome, Moleküle etwas genauso objektiv Existierendes sind wie die uns umgebenden vertrauten Dinge und daß „Anzahl“, „Lage“, „Wahrscheinlichkeit“ Aussagen über die physikalische Wirklichkeit sind.

Das Neue in der Physik — wie es bereits PLANCK, EINSTEIN und BOHR erkannt haben — ist, kurz gesagt, die Existenz von Elementarkonstanten (deren Wert allerdings, durch makroskopische Verfahren gewonnen, nur approximativ gegeben ist) und gewissen einfachen Zusammenhängen, die vor allem in Verbindung mit den Elementarkonstanten c und h stehen. Was wir an experimentellem Material bisher ermittelt haben, bestätigt uns in der Behauptung der Gültigkeit der NEWTONschen Prinzipien im Atomaren (wenn man nur statt der einfachen Koordinaten passende andere Größen einsetzt), und zwar streng, nicht nur approximativ. Der Differentialquotient solcher Größen trifft streng die Wirklichkeit und ist nicht nur ein angenäherter Differenzenquotient. Damit eröffnet sich in der Tat für das Zutreffen mathematischer Aussagen ein enormes Feld.

Quanten- und Relativitätstheorie realisieren zusammen die protophysikalischen und axiomatischen Voraussetzungen der NEWTONschen „principia“. – NEWTONS Fluxions- und LEIBNIZ’ Infinitesimalrechnung fußen auf dem Begriff des mathematischen Kontinuums, und NEWTONS Fluxionsrechnung setzt voraus, daß der physikalische Raum und die physikalische Zeit derartige Stetigkeits- und Kontinuumseigenschaften besitzen. Die relativistische Feldtheorie, das Lokalitätsprinzip und EINSTEINS spezielles Relativitätsprinzip zeigen nun, daß das von BOLZANO postulierte Diskontinuum der Substanzen erster Art durch ihre Wechselwirkungen notwendig ein physikalisches Kontinuum impliziert. Dieses physikalische Kontinuum, das relativistische Vakuum der Quantenphysik, enthält virtuell das Diskontinuum der Teilchen. Umgekehrt ergeben die lokale Kausalität und die spezielle Relativität mit der endlichen Ausbreitungsgeschwindigkeit c der Wechselwirkungen, daß das Ein- bzw. Zweikörper-Problem von KEPLER und NEWTON relativistisch auf das Problem unendlich vieler virtueller Partikeln führt. Die relativistische Feldtheorie besagt, daß es kein Ein-, Zwei- oder n-Körper-Problem gibt, sondern daß die Selbstwechselwirkung eines und die Wechselwirkung zwischen mehreren Teilchen notwendig die kontinuierliche Mannigfaltigkeit der virtuellen Partikeln anregt.

Die klassische Physik von GALILEI und NEWTON bezieht sich auf die Bewegungen makroskopischer Körper. Daß solche Körper existieren, sichern Atomistik und Quantenphysik. Für die Dynamik dieser Körper verlangen NEWTONS Prinzipien die Reversibilität der Zeit, die Umkehrbarkeit der Bewegungs- und Entwicklungsrichtung.

Dabei ist das Argument die Größe der Körperimpulse gegenüber dem dissipativen Verzehr von Bewegungsenergie. In der Himmelsmechanik trifft dieses Argument für kosmologische Zeiten zu. Bei GALILEI und NEWTON erfordert dies eine approximative Vernachlässigung der die reale Irreversibilität allen physikalischen Geschehens bewirkenden dissipativen Prozesse, d. h. der Reibung und des Widerstandes eines Mediums. GALILEIS Trägheitsprinzip abstrahiert bewußt von dem Phänomen der Reibung, genau so, wie NEWTONS Himmelsmechanik den Widerstand eines interplanetaren Mediums vernachlässigt.

NEWTONS Argument schließt für die Himmelsmechanik eine gerichtete Zeit und damit alle kosmogonischen Prozesse aus; in der Tat erklärte NEWTON im Gegensatz zu HUYGENS und LEIBNIZ, daß die Kosmogonie außerhalb der Kompetenz der Mechanik läge. In der Laboratoriumsphysik ist es nur approximativ wahr. PLANCK bemerkte demgegenüber, daß makrophysikalisch alle Prozesse tatsächlich irreversibel sind — im Gegensatz zu NEWTONS Prinzipien.

Die Atomistik seit BOLTZMANN und die Quantenphysik seit EINSTEIN zeigen uns, daß im Mikrokosmos GALILEIS und NEWTONS Reversibilität der Zeitrichtung voll realisiert ist. Dies besagen das BOLTZMANNsche und das EINSTEINsche Prinzip der „mikroskopischen Reversibilität", die quantenmechanisch in der HERMITE-Symmetrie der meßbaren Größen erfaßt werden.

Dissipation und Irreversibilität der physikalischen Prozesse sind Ergebnisse der makrophysikalischen Statistik. Die Bewegungsgleichungen jeder Elementarpartikel sind reversibel. Daher gelten auch NEWTONS Prinzipien in Strenge erst in der Mikrophysik. Die Quantenmechanik ist die perfekte Realisierung der NEWTONschen Axiome, genau so, wie die Relativitätstheorie die physikalische Realität des NEWTONschen Raum-Zeit-Kontinuums sichert.[1])

Allerdings ist die mikrophysikalische Atomistik gemäß EINSTEIN und BOHR durch die Existenz von PLANCKS elementarem Wirkungsquantum h bestimmt; h und c gemeinsam sichern die Existenz von Partikeln. Da h

---

[1]) Ein makroskopischer Festkörper besitzt nach dem NERNSTschen Wärmetheorem die „vollständige Ordnung" in der Nähe des absoluten Nullpunktes der Temperatur. NERNSTS Wärmesatz ist eine notwendige Konsequenz der Quantenmechanik und Quantenstatistik.

primär nicht eine Quantlung von Massen oder Energien, sondern eine Quantlung von Ladungen einerseits und des Phasenraumes andererseits impliziert, führt die Quantenmechanik hier von den GALILEI-NEWTONschen Vorstellungen der absolut scharfen Meßbarkeit der Koordinaten einer Partikel im Phasenraum hinweg. In der Quantenmechanik gelten NEWTONS Prinzipien verbaliter, aber nicht bezogen auf gewöhnliche Zahlen in Raum und Zeit, sondern in bezug auf geeignete (d. h. in Übereinstimmung mit PLANCKS Wirkungsquantum gewählte) Matrizen (nach BORN, HEISENBERG und JORDAN), Funktionaloperatoren (im Sinne von SCHRÖDINGERS Wellenmechanik) oder q-Zahlen (im Sinne von DIRAC). Mit diesen nicht-kommutierenden allgemeinen Zahlen, deren Vertauschungsregel die HEISENBERGsche Unschärfe-Relation realisiert, gelten in der Quantenmechanik NEWTONS Prinzipien. Der HAMILTON-Formalismus ist gemäß HEISENBERG wortwörtlich übersetzbar. Auf diese Weise realisiert die relativistische Quantenmechanik die NEWTONschen Axiome und das Raum-Zeit-Kontinuum.

Der Unterschied zu der aus der Himmelsmechanik gewonnenen Begründung der NEWTONschen Prinzipien ergibt sich ebenfalls aus PLANCKS Wirkungsquantum. Bereits KEPLER bemerkte und GAUSS erhob dies in seiner „theoria motus" zum Arbeitsprinzip, daß in der Himmelsmechanik beliebig schlechte Beobachtungen durch ihre zeitliche Iterierung unbeschränkt verbessert werden können. Eine solche zeitliche Iterierung setzt voraus, daß die Partikeln markierbar und dadurch unterscheidbar sind; sie verlangt, daß die Atomistik nicht auf einer Quantlung des Phasenraumes, sondern auf einer Quantlung der Massen beruht. Die Quantenmechanik geht von PLANCKS Konstante h aus und schließt damit aus, daß wiederholte Messungen zu einer beliebigen Verbesserung der Meßgenauigkeiten dadurch erfaßt werden, daß die klassischen kommutierenden c-Zahlen durch nichtkommutierende q-Zahlen ersetzt werden, welche die zu beobachtenden Größen, Orte und Impulse der Partikeln, beschreiben.

„Die Sätze der Mechanik sind mathematisch darstellbar und tragen in sich dieselbe apodiktische Gewißheit wie Sätze der Mathematik."
EMIL DU BOIS-REYMOND (1818–1896)

6. Du Bois-Reymonds „Ignorabimus"

Das „Ignorabimus" von E. DU BOIS-REYMOND für seine „Sieben Welträtsel" beruht auf der Vorstellung, daß die ideale Kenntnis der Wissenschaft die „astronomische" Kenntnis" eines Dämons im Sinne von LEIBNIZ und LAPLACE wäre; d. h., die ideale Kenntnis ist die aller „kanonischen Anfangsdaten" (d. i. Orte und Impulse aller N Partikeln im Kosmos zu einem beliebigen Zeitpunkt) und der Gesetze der zwischen diesen Partikeln bestehenden Wechselwirkungen (nach dem Vorbild des NEWTONschen Gravitationsgesetzes). Das optimale Wissen, das dann erreichbar ist, ist das Wissen von LAPLACES Dämon als einem idealen Himmelsmechaniker, der auf Grund von NEWTONS Prinzipien durch die Integration der Bewegungsgleichungen die Lage und Impulse aller Partikeln im Universum für alle Zeiten berechnet.

„Transzendent" ist dabei für LEIBNIZ' und LAPLACES Dämonen gemäß DU BOIS-REYMOND „das Wesen von Materie und Kraft"; insbesondere sind die Wechselwirkungskräfte im 2. Axiom NEWTONS einfach vorgegeben und nicht weiter begründbar. Ferner ist gemäß DU BOIS-REYMOND der „Ursprung der Bewegungen" transzendent, weil „uns die Bewegung als etwas Zufälliges" erscheint. Dies meint, die Anfangsbedingungen sind im Rahmen der NEWTONschen Prinzipien willkürlich; die Bewegungsgleichungen der N Partikeln sind Differentialgleichungen 2. Ordnung und erfordern zu ihrer bestimmten Integration die Vorgabe von $6N$ Daten, nämlich der $3N$ Koordinaten und der $3N$ Impulse zu einer Zeit t_0.

Ferner meint DU BOIS-REYMOND, daß ein Dämon im

Sinne von Leibniz oder Laplace auch nicht die „Entstehung des Lebens“ und die „anscheinend absichtsvolle zweckmäßige“ Einrichtung der Organismen herleiten könnte. Er verweist hierzu aber auf die Ergänzung der Prinzipien der Mechanik durch Darwins „natürliche Zuchtwahl“. Du Bois-Reymond sieht also, daß die Prinzipien der Dynamik persistent, aber ergänzungsfähig sind. Die Persistenz der Gesetze der Physik verbietet jeden Vitalismus; aber die Unvollständigkeit ihrer Prinzipien bezüglich der Nebenbedingungen, unter denen sie gelten, besagt die Existenz eigener biologischer Prinzipien wie Darwins Selektionsprinzip und schließt einen physikalischen Reduktionismus aus.

Auch die Transzendenz der beiden ersten Welträtsel von Du Bois-Reymond besagt die notwendige Unvollständigkeit der Prinzipien der Dynamik von Massenpunkten. Einstein wies darauf hin, daß die Gesetze der Struktur der Materie, die auf der Existenz universeller Fundamental-Konstanten beruhen und die weit über die „dynamischen Gesetze“ hinauswirken, die klassische Mechanik so nicht kennt (Plancks Wirkungsquantum h, die Lichtgeschwindigkeit c, die Elementarladung e, die Newtonsche Gravitationskonstante f, aber auch Boltzmanns Konstante k). Kosmologie und Elementarteilchenphysik implizieren die gesetzmäßige Verbindung zwischen den dynamischen Gleichungen und deren Anfangsbedingungen. Diese Aufspaltung ist überhaupt nur im Grenzfall möglich.

Des weiteren zeigen Relativitäts- und Quantenfeldtheorie vor allem Einsteins und Focks Herleitung der Partikel-Dynamik aus den Einsteinschen Feldgleichungen der Gravitation, daß die „Wechselwirkungen zwischen den Feldquellen“ die dynamischen Prinzipien für die Bewegung dieser Feldquellen bestimmen; d. h., sie bestimmen die Bewegung der Partikeln als „Feld-Singularitäten“ gemäß Faraday, Lorentz und Einstein. Wechselwirkungsgesetze und Dynamik bilden so ebenfalls eine Einheit, und die Erforschung der Einheit der physikalischen

Wechselwirkungen als Grundlage der Theorie der Struktur der Partikeln (von FARADAY bis zu den heutigen unitären Quantenfeldtheorien) ist der konkrete Versuch der Auflösung des „Welträtsels von Materie und Kraft" in der Physik.

DU BOIS-REYMOND beruft sich bei seinem Beweis der „Transzendenz der Welträtsel" mit demselben Recht auf die Prinzipien der klassischen Mechanik, wie dies KANT bei seinem Beweis der Transzendentalität der NEWTONschen Vorstellungen über Raum, Zeit und Bewegung tut. Werden die NEWTONschen Prinzipien als allgemeingültig akzeptiert, so sind KANTS Transzendentalitäts- und DU BOIS-REYMONDS Transzendenz-Beweise unabdingbar. Genauso beruhen übrigens auch die Beweise für die Endgültigkeit der Prinzipien der Quantenmechanik und der Unauflösbarkeit der sich in dieser gemäß EINSTEIN ergebenden „Welträtsel" auf der Vorweg-Akzeption der Axiome der Quantenmechanik. In beiden Fällen liegen Zirkelschlüsse vor, die nur die Selbstkonsistenz der Prinzipien der klassischen bzw. Quantenmechanik demonstrieren.[1])

---

[1]) Vgl. hierzu unsere Erörterung der Diskussion zwischen EINSTEIN und BOHR in unserem Taschenbuch „Grundfragen der Physik", Akademie-Verlag, Berlin 1980.

„Die Geometrie befaßt sich mit der Umwandlung von metallischen Körpern, die aus einem Stoff bestehen, der gedehnt oder zusammengepreßt werden kann, je nach den Erfordernissen der Forscher."
LEONARDO DA VINCI (1452–1519)

„Die unendliche Mannigfaltigkeit, welche sich sowohl in den Werken der Natur als auch in den Handlungen der Menschen zeigt und die die hervorragende Schönheit des Weltalls begründet, kann offenbar in nichts anderem ihren Grund haben als in der verschiedenartigen Zusammensetzung, Vermischung und Gruppierung der einzelnen Teile."
JACOB BERNOULLI (1654–1705)

„Der Mathematiker weiß alles. Er könnte es, wenn er es nicht wüßte".
NOVALIS (1772–1801)

„Um den Beweis eines Satzes zu erfinden, dient auch, denselben in seinem weitesten Umfange in seiner größten Allgemeinheit zu betrachten, d. h., man frage sich: Läßt sich der Satz (das Subject) nicht allgemeiner machen?"
BERNHARD BOLZANO (1781–1848)

7. Präzisionsmathematik und Approximationsmathematik in der Physik

1. Im Jahre 1908 wurden erstmals die Vorlesungen von FELIX KLEIN über „Elementarmathematik vom höheren Standpunkt aus" veröffentlicht.[1]) In diesem gedankenreichen Werk äußert sich KLEIN mehrfach über Grundfragen der Mathematik und ihrer Beziehungen zur Mechanik und zur Physik. Dabei schreibt er, daß die Physik die exakte Mathematik, die „Präzisionsmathematik", an sich nicht benötigt und vollauf mit einer „Aproximationsmathematik" auskommen könne, da die von ihr als Unterlagen für die mathematisch-theoretische Bearbeitung gelieferten Meßdaten notwendig mit gewissen Un-

[1]) Die definitive Ausgabe „letzter Hand" erschien (z. T. nach KLEINS Tod 1925) in 3 Bänden von 1924/28. Der dritte Band behandelt „Präzisionsmathematik und Approximationsmathematik".

sicherheiten behaftet sind, hervorgerufen durch die unvermeidliche Existenz von diese Meßgenauigkeiten begrenzenden Schranken.

Diese Schranken sind für makroskopische Körper und Strukturen (d. h. für Aggregate mikroskopischer Objekte) einmal gegeben durch die thermodynamischen Schwankungserscheinungen und zum anderen – selbst am absoluten Nullpunkt der Temperatur – durch den atomistischen Aufbau der substantiellen Welt. Beides führt schließlich auf universelle Elementarkonstanten zurück; z. B. enthält die NYQUIST-Formel e, m, h, c und die Elektronendichte u_e. Bei mikroskopischen Objekten sind die Schranken allgemein durch die Unbestimmtheitsrelationen der Quantenphysik gegeben und drücken unmittelbar das Vorhandensein des elementaren Wirkungsquantums h und der Lichtgeschwindigkeit c aus. Bei tiefen Temperaturen können auch „makroskopische Quanteneffekte" als Meßschranken wirken, für die dann PLANCKS Konstante h maßgebend ist.

Allgemein verhindern diese Meßschranken nicht, daß – mikroskopisch – etwa der Ort oder die Energie beliebig genau gemessen wird, nur ist für die Ortsmessung ein entsprechend großer Energieaufwand erforderlich und bei der Energiemessung ein korrespondierender Zeitaufwand (weil alle Meßprozesse höchstens mit Lichtgeschwindigkeit ablaufen können).

Dieser Auffassung von F. KLEIN kommen Gedanken sehr nahe, die A. EINSTEIN 1921 in seiner Akademierede „Geometrie und Erfahrung" vorgetragen hat, in der er die folgende bekannte Sentenz aussprach: „Insofern sich die Sätze der Mathematik auf die Wirklichkeit beziehen, sind sie nicht sicher, und insofern sie sicher sind, beziehen sie sich nicht auf die Wirklichkeit". Vorher hatte er, ganz im Sinne von F. KLEIN, die Frage aufgeworfen: „Wie ist es möglich, daß die Mathematik, die doch ein von aller Erfahrung unabhängiges Produkt menschlichen Denkens ist, auf die Gegenstände der Wirklichkeit so vortrefflich paßt?" Man muß in diesem Zusammenhang auf L. Boltzmann verweisen, der sich mehrfach mit der Frage der Bedeutung der mathematisch-theoretischen Formulierung in der Physik beschäftigt hat. Seine Auffassungen kommen denen Kleins sehr nahe und können durchaus als maßgeblich für die Entwicklung der Auffassung Einsteins betrachtet werden.

In seiner späteren Lebenszeit hat Einstein Ansichten entwickelt, wie er sie z. B. in „Physik und Realität" niedergelegt hat,[1]) denen gemäß man kaum sagen kann, „die Mathematik ist ein von aller Erfahrung unabhängiges Produkt menschlichen Denkens", da sie doch auf einer Abstraktion der durch unmittelbare Anschauung gegebenen Existenz von „körperlichen Objekten" und der für solche zweifellos gültigen Relationen von Element und (abzählbarer) Menge aufgebaut ist.

Es ist wohl auch zulässig zu fragen, was Einstein unter „Passen" verstanden hat. Heißt das, daß eine bestimmte mathematische Struktur eindeutig einem Ablauf, einem Geschehen in der Wirklichkeit zuzuordnen ist? Zweifellos kann man das nicht annehmen, es gibt viele Ereignisse der Wirklichkeit, die, ohne etwas miteinander zu tun zu haben, durch dieselbe mathematische Struktur wiedergegeben werden können, wenigstens in einem gewissen Bereich der Annäherung. Man denke nur an die Laplace-Gleichung $\Delta\varphi = 0$ und die vielen Bedeutungen, die diese in der Physik haben kann. Ferner muß diskutiert werden, was unter „Passen" zu verstehen ist, ob die mathematische Struktur „global" paßt oder auch „detailliert" in dem Sinne, daß jede Einzelheit in der mathematischen Struktur einer Einzelheit des wirklichen Geschehens entspricht. Das ist keineswegs von vornherein selbstverständlich.

Jedes beliebige Geschehen kann mathematisch durch Interpolationsformeln gefaßt werden. Diese erlauben zwar, aus einem Satz vorgegebener Parameter einen an-

---

[1]) Vgl. hierzu Rompe/Treder, Grundfragen der Physik, Akademie-Verlag, Berlin 1980, Seite 83–97.

deren Satz von Parametern zu ermitteln, liefern aber keinen Beitrag zu inhaltlichen Fragen der Physik.

Das klassische Beispiel der Behandlung eines dynamischen Problems nach der Methode von PTOLEMAIOS und auf Grund von physikalischen Prinzipien ist natürlich das Planetensystem als n-Körper-Problem der Himmelsmechanik. Nach den Prinzipien der NEWTONschen Gravitationsdynamik folgen die Bewegungen von n schweren Himmelskörpern (als Massenpunkte betrachtet) aus den $3n$ NEWTONschen Bewegungsgleichungen mit ihren durch das NEWTONsche Gesetz gegebenen Gravitationskräften zwischen den Massen. Diese Bewegungen sind für alle Zeiten eindeutig bestimmt, wenn zu irgendeinem Zeitpunkt t_0 außer den n Massen $m_N(N = 1, 2, \ldots, n)$ noch die instantanen $3n$ Ortskoordinaten $X_N(t_0)$ und $3n$ Geschwindigkeiten $\dot{X}_N(t_0)$ gegeben sind.

Zwar ist nach der Himmelsmechanik i. allg. nur das Zwei-Körper-Problem (Sonne-Planet oder Doppelstern) geschlossen lösbar, nämlich durch die KEPLER-Bewegung. Aber das allgemeine Problem läßt sich prinzipiell in Form von Reihenentwicklungen lösen, deren Terme und Parameter auf Grund der NEWTONschen Gesetze aus den Anfangswerten exakt algorithmisch berechenbar sind. Diese Reihenentwicklung ist beliebig fortsetzbar und bestimmt die Bewegungen der n Körper zu allen Zeiten auf Grund der Anfangsdaten ohne weitere Bezugnahme auf Beobachtungen. (Dies ist die von den Himmelsmechanikern seit LAGRANGE und LAPLACE gelöste Aufgabe.)

Die Epicyceln bei PTOLEMAIOS entsprechen auch einer Reihendarstellung der Planetenbahnen, jedoch gibt es keinen theoretisch begründeten Algorithmus, um aus den Anfangsdaten, d. h. den Daten, die die „Deferenten" festlegen, auf die Parameter der Epicyceln zu schließen. Für jede Epicycel müssen vielmehr deren Parameter (Radius, Bahngeschwindigkeit, Lage) neu aus den Beobachtungen entnommen werden. Dies gilt hier auch schon für Zwei-Körper-Probleme, wenn nicht auf die KEPLERschen Gesetze zurückgegriffen wird. (Dagegen werden die

Parameter der Epicyceln zum KEPLER-Problem auf Grund des 1. und 2. KEPLERschen Gesetzes theoretisch berechenbar. Gerade dies zeigte u. a. KEPLER 1609 in seiner „Astronomia nova".)

Nach FREGE sind mathematische Strukturen logisch streng konsistent, aber inhaltsleer. Der Bezug zum Geschehen in der Wirklichkeit muß durch zusätzliche Definitionen festgelegt werden, die zugleich die Aussagen der Struktur der Messung zugänglich machen. Die Struktur selbst ist völlig indifferent gegen jede konkrete Aussage. Die Wellenfunktion φ in einer Wellengleichung $\Box\varphi = 0$ kann alles mögliche bedeuten, elektrische Größen, elastomechanische Größen, thermische Größen, Größen, die die Eigenfunktion der Atome betreffen, usw. Erst die Definition, was φ im Sinne der Physik bedeuten soll, stellt den Zusammenhang her zwischen der mathematischen Struktur und dem nachprüfbaren und meßbaren Geschehen der Wirklichkeit.

Die Aussage, daß die mathematische Struktur indifferent gegen den Inhalt ist, wird in einfachen Fällen als trivial empfunden, und niemand wird sich den Kopf darüber zerbrechen, was es wohl bedeuten mag, daß man verschiedenste periodische Vorgänge in FOURIER-Komponenten zerlegen kann. Diese Trivialität bleibt aber erhalten, wenn die mathematische Struktur komplizierter und abstrakter wird, und das wird häufig vergessen. Man kann davon sprechen, daß — vielleicht rein gefühlsmäßig — zunehmende Kompliziertheit und Abstraktheit als potentielle Quelle von Einsichten über physikalische Sachverhalte angesehen werden.[1]) (Es wird nicht bedacht, daß jeder Fortschritt in der Physik sich auf Erkenntis eines neuen Sachverhaltes stützt.) Auf die Parallele zur Scholastik hat KLEIN hingewiesen, wobei er besonders B. BOLZANO und G. CANTOR anführte (die sich selbst in dieser Tradition sahen). Andererseits erlaubt aber eine zunehmende Kompliziertheit der mathematischen Struk-

[1]) Hierzu siehe auch Abschnitt 5

tur vielfältigere Möglichkeiten der Interpretation und der den Zusammenhang mit der Physik herstellenden Sachdefinitionen. Der tautologische Charakter der Mathematik bleibt natürlich immer erhalten, und die Kopplung mit der Wirklichkeit muß immer zusätzlich formuliert werden.

Die Physik, die sich nicht darauf beschränkt, nur qualitative Aussagen zuzulassen, verlangt zusätzlich von diesen ergänzenden Sätzen, daß sie eine Anleitung zur Durchführung von Messungen darstellt. So können faktisch neue Qualitäten aus mathematischen Strukturen herauskommen, was aber nicht an der Mathematik, sondern an den in die Kompetenz der Physik fallenden Sachdefinitionen liegt. In diesem genannten Sinne hat EINSTEIN in seiner Abhandlung „Geometrie und Erfahrung" ausgesprochen, daß die „abstrakte" (Präzisions-) Geometrie mit Physik in Beziehung kommen kann, wenn zu ihren Axiomen noch die folgende Feststellung hinzugenommen wird: „Feste Körper verhalten sich bezüglich ihrer Lagerungsmöglichkeiten wie Körper der euklidischen Geometrie von 3 Dimensionen. Dadurch wird die Präzisionsgeometrie ihres nur formal logischen Charakters entkleidet, indem ihre leeren Begriffsschemen erlebbaren Gegenständen zugeordnet werden."

Mit dieser zusätzlichen, ihrem Inhalt nach physikalischen Aussage stellt EINSTEIN in der Tat die Beziehung zwischen der Präzisionsmathematik und der Physik her. Er schrieb weiterhin, daß diese Auffassung ihn in den Stand gesetzt hat, die Allgemeine Relativitätstheorie zu konzipieren. Wir glauben, daß EINSTEIN hier ein ganz allgemeines Prinzip angesprochen hat, wie es bereits implicite in der Klassischen Mechanik bekannt wurde, z. B. in der Verbindung und Unterscheidung von Bewegungsgesetz und Anfangs- und Randbedingungen. Entsprechende Anfangs- und Randbedingungen können den Charakter von Bewegungsgleichungen auch qualitativ verändern. (Bei nicht-holonomen Bedingungen im Endlichen gibt es mehr Freiheitsgrade als im „Infinitesimalen".)

Die Axiomatisierbarkeit der Geometrie (sie sich in

ähnlicher Perfektion wohl nicht auf andere Teile der Mathematik übertragen läßt) ist zweifellos im Zusammenhang mit den durch unmittelbare Anschauung gegebenen „körperlichen Objekten" und ihrem raum-zeitlichen Verhalten zu sehen. Somit können wir bereits in den Grundlagen der Geometrie die Existenz allgemeinster grundlegender physikalischer Erkenntnisse erblicken, und die Beziehungen zwischen Präzisionsgeometrie und Wirklichkeit hängen mit der Natur der aus der Wirklichkeit hergeleiteten Axiome zusammen, so wie das auch für die NEWTONschen Prinzipien der Mechanik gilt.

Man kann EINSTEINS Vorschlag auch so aussprechen: Die Axiome der Geometrie sind kompatibel mit NEWTONS Prinzipien, weil sie auf den gleichen Bestand unmittelbarer Erlebnisse zurückgehen.

Eigentlich wäre das Zusatz-Axiom mit physikalischem Inhalt überflüssig, wenn es nicht das Parallelen-Axiom gäbe, über das aus dem allgemein vorliegenden Bestand an Grundeinsichten nicht entschieden werden kann. Mit Rücksicht auf dieses eine Axiom ist die EINSTEINsche Forderung der Einführung des „quasi-starren Körpers" durchaus notwendig.

Man kann nun fragen: Gibt es außer den Axiomen der Geometrie und den NEWTONschen Prinzipien der Makrophysik weitere Einsichten ähnlicher Fundamentalität? So wie EINSTEIN vorgegangen ist, läßt sich diese Frage dann relativ einfach beantworten, wenn eine axiomatische Darstellung der das Gebiet betreffenden mathematischen Strukturen vorliegt.

Folgt man BOLTZMANN und H. HERTZ, dann kann man die MAXWELLschen Gleichungen als die „Prinzipe" der Elektrodynamik (der freien Felder) ansehen. Man hat dann mehrere fundamentale Bestandteile in den Aussagen über die substantielle Wirklichkeit und über das Vakuum: Geometrie, Mechanik, Elektrodynamik und die Spezielle Relativität (als ihr gemeinsamer Bestandteil). Als weitere fundamentale Prinzipien sah PLANCK die Hauptsätze der Thermodynamik von CLAUSIUS an; diese bestimmen das Geschehen in der makroskopischen substantiellen Welt. Schließlich ist die nichtrelativistische Quantenmechanik in ihrer von J. v. NEUMANN gegebenen axiomatischen Form das mikroskopische Gegenstück zu NEWTONS Prinzipien.

Was die Infinitesimalrechnung anbelangt, auf deren Verwendung die theoretische Physik aufbaut, so finden sich ihre axiomatischen Grundlagen in der Mengentheorie. In einer analogen Situation wie die Elementargeometrie scheinen die Grundregeln der Arithmetik und der elementaren Logik zu sein: Im Sinne von D. HILBERTS „Protomathematik" lassen sich die Axiome „ab initio" aus den unmittelbar gegebenen Eigenschaften der „körperlichen Objekte" herleiten. (Aber mit Ausnahme von Axiomen, die gerade aus der Elementarmathematik weiter hinausführen: dem „Prinzip der vollständigen Induktion" – gemäß POINCARÉ – und dem „Satz vom ausgeschlossenen Dritten" – gemäß BROUWER.) Vor ca. 50 Jahren hat BROUWER in seinem bemerkenswerten, aber auch vielumstrittenen Vortrag „Mathematik, Wissenschaft und Sprache" dargelegt, daß die Axiome unserer Logik tatsächlich mit unserer Wirklichkeit und den Prinzipien der Makrophysik der Körper kompatibel und nachweisbar sind — eben mit Ausnahme des ins Transfinitive verweisenden „Prinzipien vom ausgeschlossenen Dritten". Hier kann man analog zum EINSTEINschen Vorgehen so entscheiden, daß man zusätzlich zu den „intuitionistischen" Axiomen BROUWERS sagt: Die Gegenstände der klassischen Physik sind solche, für die der Satz des ausgeschlossenen Dritten gilt.

Es ist ja bekannt, daß die Quantenphysik gerade den Sinn dieses Axioms infrage gestellt hat. Wir erhalten dann aber folgende bemerkenswerte Situation: Auf der einen Seite weist die Brauchbarkeit der Axiome der Geometrie (Punkt, Gerade, Ebene usw.) auf die Existenz von Quantenkräften hin, da zweifellos das individualisierte, markierbare „körperliche Objekt" nur auf der Basis von Austauschkräften mit kurzer Reichweite, wie sie die klassische Physik nicht kennt, verständlich ist. Auf der anderen Seite sind gerade diese genannten Kräfte, die doch die Existenz abzählbarer „körperlicher Objekte" ermöglichen, nicht kompatibel mit den Grundregeln (Axiomen) von Arithmetik und Logik, da für sie weder die Kommutativität der Multiplikation noch der Satz vom ausgeschlossenen Dritten infolge ihrer Nichtunterscheidbarkeit sinnvoll sind, d. h., die Quantenerscheinungen sind nicht kompatibel mit den Grundlagen unserer Mengentheorie. Zwischen den Begriffen der Geometrie und der Mengentheorie liegt in gewisser Hinsicht (was ihre Anwendung auf die Physik betrifft) eine Komplementarität vor, eine Komplementarität im Sinne von BOHR.

Man darf demnach wohl meinen, daß, nachdem 50 Jahre physikalischer Entwicklung in mehr als einem Aspekt eine Erweiterung unseres physikalischen Horizontes gebracht haben, die Frage berechtigt ist, was an der von KLEIN bzw. EINSTEIN geäußerten Auffassung heute noch Berechtigung hat. Das um so mehr, als durch die Entwicklung der Quantenphysik völlig unerwartete und neue Züge der Naturerkenntnis zum Vorschein gekommen sind, die sich nach der Analyse von BOHR und HEISENBERG gerade auf das Wesen der Meßprozesse beziehen.

2. Im dritten Band seines oben zitierten Werkes behandelt KLEIN die Frage, wie gut sind eigentlich unsere Naturgesetze experimentell gesichert? Er zitiert hier ein Werk von NEWCOMB aus dem Jahre 1895, welcher die Frage stellte, wie genau das NEWTONsche Gesetz der gegenseitigen Schwereanziehung zweier Massen experimentell geprüft worden ist. Es wurde gezeigt, daß die Genauigkeit in terrestrischen Bedingungen nicht sehr hoch ist, dagegen in astronomischen Entfernungen des Planetensystems doch besser ist als die 4. Dezimale. Obgleich nun seit NEWCOMBS Zeit die Meßtechnik sich außerordentlich entwickelt hat, wird man stets eine Genauigkeitsbegrenzung aus den eingangs erwähnten bekannten Gründen vorfinden.

Eine Verbesserung der Kenntnis der Distanzen der

(inneren) Planeten und des Mondes ergab sich aus der grundsätzlichen Ablösung der Distanzbestimmungen von der Himmelsmechanik (vom 3. KEPLERschen Gesetz). Es werden nunmehr die Laufzeiten von an den Planetenoberflächen reflektierten Radar-Signalen (beim Mond auch von Lasersignalen an künstlichen Reflektoren) gemessen, was bei bekannter Lichtgeschwindigkeit auf die äußerst genauen Zeitmessungen mit Atomuhren zurückführt. Allerdings ist bei den damit erreichten Genauigkeiten die Allgemeine Relativitätstheorie anzuwenden, um die Messungen zu interpretieren. Dabei sind dann ihrer Definition nach die Distanzen aus dem KEPLERschen Gesetz, die Parallaxen und die Radarabstände verschiedene Größen, die nur in der Näherung der klassischen Physik und bei euklidischer Geometrie zusammenfallen. Die Umrechnung von der mit einer Methode gemessenen Distanz auf eine andere Methode erfordert nunmehr – in der nach–NEWTONschen Näherung – wiederum die Gravitationstheorie, diesmal EINSTEINS Allgemeine Relativitätstheorie. Vor allem sind hier aber die hohen inneren Genauigkeiten der Messungen nicht mehr die tatsächlichen Genauigkeiten der Planetenabstände. Die Signal-Reflexionen treten ja an den physikalischen Oberflächen der Planeten auf, und diese sind keineswegs ideale Sphären. Dagegen beziehen sich die himmelsmechanischen Abstände auf ideale Punkte, die Massenmittelpunkte der Planeten. Die Radarabstände enthalten daher genuine Ungenauigkeiten, die den Profilen der Planeten (und den Planeten-Atmosphären) entsprechen.

Diese Situation erscheint uns von grundsätzlicher Bedeutung für die Behandlung des Meßprozesses: Es gilt klarzustellen, ob die Verfeinerung der Meßmethoden, sofern sie mit der Wahl eines anderen Meßmittels verbunden ist, Aussagen liefert, die den gleichen Gegenstand betreffen.[1]) Offenbar ist diese Frage sowohl für Ob-

[1]) Es bestätigt sich einmal mehr die Richtigkeit des Ausspruchs von EINSTEIN gegenüber HEISENBERG: Was gemessen werden kann, ergibt sich aus der Theorie.

jekte, die eindeutig der klassischen Physik zugeordnet werden können, wie für Objekte der Quantenphysik in gleicher Weise zutreffend. Analog zu dem, was über Abstandsmessungen an Planeten gesagt worden ist, ergeben sich ganz verschiedene Abmessungen von Atomen, je nachdem, ob man sie mit langsamen Elektronen (RAMSAUER-Effekt!), schnellen Elektronen, Lichtquanten in der Nähe der Eigenabsorption (große Resonanzquerschnitte) oder mit Gammaquanten ermittelt. Die Abmessungen der Atome können bekanntlich je nach der Wahl des Meßmittels um mehrere Größenordnungen auseinandergehen. Hingegen sind Aussagen, wie viele Komponenten ein Multiplett hat, offenbar unabhängig von der Wahl des Meßmittels. Ein Dublett bleibt immer ein Dublett und ein Triplett ein Triplett, sofern nicht die äußeren Eingriffe beim Messen das Symmetrieverhalten des Atoms verändern.

Dabei ist das, was abzählbar ist, nicht auf der Hand liegend. Sicher sind es die Multiplettkomponenten. Aber die Anzahl der Teilchen ist es nicht, da sie im Bereich hoher Energien des Meßmittels, z. B. Teilchens, nicht konstant ist und es so Unbestimmtheitsrelationen zwischen den Orts- und Zeitmessungen einerseits und der Angebbarkeit der Teilchenzahl andererseits gibt, auf die vor allem HEISENBERG aufmerksam gemacht hat.

Eine neue Qualität für das Vertrauen zu den Grundlagen entstand aber dadurch, daß die Spektroskopie nachwies (vor allem aus den spektroskopischen Daten der Astrophysik), daß in weiten Bereichen des Universums eine exakte Gültigkeit der Grundgesetze der Mechanik und Relativitätstheorie in ihrer Anwendung auf die mikroskopischen Objekte der Quantenphysik besteht. Die Unveränderlichkeit der Konstanten h, c und e (und damit der SOMMERFELD-Konstante $\frac{e^2}{hc} \sim \frac{1}{137}$) in einem Zeitraum von über 10^{10} Jahren ($\sim 10^{40}\,\frac{h}{mc^2}$), korrespondierend mit Distanzen von Zehnmilliarden Lichtjahren, die dadurch bedingte Konstanz der spektroskopisch beobachtbaren Eigenschaften der Atome und damit natürlich auch die ihrer mechanischen Eigenschaften lassen den Schluß zu, daß die Prinzipien der Dynamik mit NEWTONS homogenem Zeitfluß und damit die exakte Reversibilität der Zeit wahre Aussagen im Sinne einer Präzisionsmathematik sind.

Was die Astrophysik spektroskopisch mißt, sind aber zunächst nur algebraische Relationen zwischen den Linien in den Serien (und zwischen den Serien selbst). Diese Relationen erweisen sich als unabhängig von Raum und Zeit, und das ist es, was aus der Konstanz von h, c und e und aus der mikroskopischen Reversibilität folgt. Dabei sind die absoluten Lagen der Linien kinematische und dynamische Variable, Funktionen der verschiedensten lokalen Effekte. (Auch die Größe der Aufspaltung ist eine Funktion der Intensität der äußeren Einflüsse, aber die Linienzahl hängt dabei nur von deren Symmetrien ab.)

3. Eine weitere Verbindung von Präzisionsmathematik und Physik ergibt sich aus der Arithmetik. Bekanntlich können die Transzendenten e, π „ab inito“ mit beliebiger Genauigkeit berechnet werden. Ab inito bedeutet hier aus den ganzen Zahlen, durch Anwendung der Grundoperationen der Arithmetik. Nach Entdeckung der Elementarkonstanten und deren grundsätzlicher Bedeutung durch PLANCK bildete sich in der Physik die Vorstellung aus, daß analog zum Vorgehen der Mathematik eine ab-initio-Berechnung gewisser physikalischer Größen möglich wäre. Gestützt wurde diese Auffassung durch den Erfolg der Theorie des normalen ZEEMAN-Effektes von LORENTZ, in welcher die Aufspaltung einer Atomlinie im Magnetfeld nach Zahl der Komponenten, Größe der Aufspaltung, Polarisation derselben aus den Elementarkonstanten e, m, c und der magnetischen Feldstärke H berechnet werden konnte. Als dann das BOHRsche Atommodell die Möglichkeit ergab, die Ionisationsenergie des

Wasserstoffatoms aus e, m, h zu berechnen, verdichtete sich die Meinung, es würde möglich und erstrebenswert sein, eine ab-initio-Berechnung aus den Elementarkonstanten allgemein in der Physik durchzuführen.

Dabei ergeben sich bekanntlich erstaunliche Resultate. Das nichtrelativistische Ein- und Zweikörperproblem, wie z. B. das Spektrum des Wasserstoffatoms mit Berücksichtigung der Kernbewegung, konnte mit exakten Lösungen der SCHRÖDINGERschen Wellengleichung berechnet werden, so genau, wie die Kenntnis der Elementarkonstanten es zuließ.

Auch das relativistische Einkörperproblem, das den Spin des Elektrons und das anomale magnetische Moment des Elektrons, den Faktor g liefert, ließ sich exakt mit einer Genauigkeit berechnen, die heute bis in die 8. und 9. Dezimale geht, so genau, wie die Elementarkonstanten bekannt sind. Nahm man noch die „Vakuumeffekte" durch Entwicklung nach Potenzen der SOMMERFELD-Konstanten hinzu, so war die Übereinstimmung von Theorie und Experiment geradezu verblüffend.

Die in den letzten 20 Jahren vervollkommnete Experimentiertechnik der Messung der Kombination von Elementarkonstanten, insbesondere durch die Einführung von Radiofrequenzinterferenzverfahren, hat tatsächlich eine Genauigkeit von 1 Hz auf 10^9 Hz und besser erreicht.

Wir stoßen hier auf einen Kontakt der Präzisionsmathematik mit der Physik, der vor 40 bis 50 Jahren kaum geahnt werden konnte und der zu einer fundamentalen Aussage berechtigt: Noch KLEIN und vor ihm BOLTZMANN mußten die streng dissipationsfreie, reversible NEWTONsche Mechanik als eine Abstraktion von einem realen Verhalten auffassen, das, mit den bekannten klassischen Schwankungserscheinungen behaftet, eben nur eine approximative Gültigkeit beanspruchen könnte.[1]) Nun stellte

---

[1]) Ebenso wie die Winkelsumme π in einem konkreten Dreieck.

sich heraus, daß offenbar die Welt des mikroskopischen Geschehens, der Vorgänge zwischen Atomen, Elektronen, Lichtquanten gerade so ist, wie NEWTONS Prinzipien das fordern — absolut reversibel.

Die nach Ausweis astronomischer Befunde im ganzen Kosmos vorliegende Übereinstimmung der SOMMERFELD-Konstanten, der Komponentenzahl der Multipletts und der Verlustfreiheit der Lichtquanten auf dem Wege im Vakuum sind starke Hinweise, daß NEWTONS reversible Mechanik im Bereich des Mikroskopischen offenbar streng realisiert ist. Es ist so verständlich, daß PLANCK aus der EINSTEINschen Arbeit über Lichtquanten als bemerkenswertestes und deutlichstes Ergebnis in seine 4. Auflage der „Wärmestrahlung" den Nachweis der Gültigkeit der mikroskopischen Reversiblität aufnahm.

4. Es ist bekannt, daß mit der Begriffsbildung „Menge der reellen Zahlen" der von NEWTON und LEIBNIZ erfundene Differentialquotient mathematisch exakt bewiesen wird (WEIERSTRASS). Auf der Anwendung des Differentialquotienten stützt sich das ganze Gebäude der theoretischen Physik. Hier liefert die exakte Mathematik und ihre logisch konsistente Fassung des Zahlbegriffs mit dem Begriff des Zahlenkontinuums allerdings etwas anderes, als wir unmittelbar in der Natur erfahren können, wo doch jede gemessene Kurve nur mit einer gewissen Genauigkeit ermittelt ist und eigentlich auf Differenzenquotienten führt, die automatisch gewisse Mehrdeutigkeiten enthalten.

Solange man sich im Zuständigkeitsgebiet der klassischen Physik bewegte, hatte man wohl keine Veranlassung, an der von KLEIN und EINSTEIN festgestellten sauberen Trennung der exakten Mathematik und der Physik mit der ihr adäquaten „Appoximations"-Mathematik zu zweifeln.

Auf der anderen Seite besteht, wie WEYL geschrieben hat, das Zahlenkontinuum aus wohlunterscheidbaren unverwechselbaren Individuen, während das NEWTONsche Raumkontinuum und der „Zeitfluß", also das Kontinuum des Raumes und der Zeit, aus Massen- bzw. Zeitpunkten besteht, die *keine* Individuen sind, an sich ununterscheidbar sind und daher nicht durch ihre Eigenschaften charakterisiert werden können. Zu ihrer Festlegung und Unterscheidung bedarf es stets eines Koordinatensystems und der Angabe der Koordinaten.[1]) Diese Ununterscheidbarkeit der Massen- und Zeitpunkte ist zweifellos eine der entscheidensten Vorwegnahmen quantenmechanischer Erkenntnisse, die die NEWTONsche Mechanik in den Stand setzen, so weitgehend auch in der Sphäre aller bisher erkannten und untersuchten Quantenphänomene wirksam zu werden. Die Konzeption der nichtindividualisierbaren Massenpunkte erweist sich als eine angemessene Aussage über eine bestimmte Seite der Wirklichkeit.

Man muß sich wohl auch WEYL anschließen, wenn er meint, daß das NEWTONsche Kontinuum sich nicht auf das Kontinuum der Analysis zurückführen läßt (sondern, wie er zeigt, auf eine Hyperanalysis). Der mathematische Beweis (WEIERSTRASS) für die Zulässigkeit des Grenzüberganges des Differentialquotienten bleibt damit eine innermathematische Angelegenheit. Für die Physik ist wesentlicher der physikalische Beweis für die Wirklichkeitsadäquanz des Differentialquotienten, wie er — wie oben ausgeführt — aus der Dissipationsfreiheit der Mikroprozesse ersehen werden kann.

Auch KLEIN bezeichnete es durchaus nicht als selbstverständlich, daß Raum und Zeit durch ein Kontinuum wiedergegeben werden. Jedoch sind tieferliegende Sätze auch über endliche Zahlenvorräte, z. B. in der Wahrscheinlichkeitsrechnung und Statistik (also auch in der Atomistik), nur mit den Mitteln der Analysis zu erhalten; das gleiche gilt auch in der Arithmetik. Selbst Aussagen über die Primzahlverteilung etc. sind nur mit Hilfe der

---

[1]) WEYL: „Das Koordinatensystem ist das unvermeidliche Residuum der ‚Ich-Vernichtung' in jener geometrisch-physikalischen Welt, welche die Vernunft aus dem Gegebenen unter der Norm der Objektivität herausschält."

Kontinuumsmathematik ableitbar, ja überhaupt erst formulierbar.

Obwohl die natürlichen Zahlen (und auch die algebraischen Zahlen) diskret und abzählbar sind, werden die Eigenschaften der Zahlenreihen in genügender Tiefe und Allgemeinheit erst durch die Kontinuumsmathematik erfaßbar. Auch die Wahrscheinlichkeitsrechnung und selbst die Kombinatorik bedürfen der Analysis und damit des Überganges von Summen zu Integralen und von Differenzen zu Differentialen. Dies gilt aber nicht nur für tiefliegende Theoreme, sondern ist auch in der Praxis unvermeidlich, wenn genügend große und angehäufte Mengen von Objekten oder Ereignissen zu erfassen sind.

Die Bedeutung der Stetigkeitsaxiome für die Weltgeometrie erhellt bereits einen Lehrsatz der „absoluten Geometrie", den schon LEGENDRE bewies und den HILBERT dann durch sein Stetigkeitsaxiom formalisierbar machte: Gilt die euklidische Geometrie – genauer etwa ihr Satz, daß die Winkelsumme im Dreieck π beträgt – auch nur für ein einziges endliches Dreieck an irgendeiner Stelle des Raumes exakt (im Sinne der Präzisionsgeometrie), so gilt die euklidische Geometrie auf Grund der „Stetigkeit des Kontinuums" überall im ganzen Raum.[1]) Wird umgekehrt – mit den Methoden der Meßtechnik und der Approximationsmathematik – nachgewiesen, daß irgendein Dreieck nichteuklidisch ist, so gilt nirgendwo im Raum präzis die euklidische Geometrie. Dies gilt aber natürlich nur für Kontinua, welche HILBERTS Stetigkeitsaxiom überall erfüllen. Dieses ist bei HILBERT

---

[1]) Die euklidische Mathematik – und nur diese – hat mit der klassischen Physik die Unabhängigkeit von den absoluten Größen gemeinsam. In der Klassischen Mechanik gibt es keine universellen Konstanten (wie h oder c in Quantenmechanik bzw. Spezieller Relativitätstheorie. In der euklidischen Geometrie – und nur in dieser (dies zeigte schon LAMBERT) – gibt es keine durch das „Krümmungsmaß" des Raumes definierte (lokale oder globale) Längeneinheit. In der LOBATSCHEWSKIschen „nichteuklidischen" und in der elliptischen „RIEMANNschen" Geometrie ist dieses Krümmungsmaß eine Raumkonstante, in allgemeinen RIEMANNschen Mannigfaltigkeiten dagegen eine stetige Funktion von Ort und Richtung.

einfach — durch das CANTORsche Axiom ergänzt — das Axiom von EUDOXOS und ARCHIMEDES, das die Meßbarkeit von Strecken im Sinne der Präzisionsmathematik durch das Abtragen von beliebig gewählten Maßstäben verlangt.

5. Wir stehen demnach vor folgender komplizierten Situation: Im Sinne der Ausführungen von EINSTEIN in „Physik und Realität", die u. E. sich weitgehend anschließen an BOLTZMANNS (1899) „Grundprinzipien und Grundgleichungen der Mechanik", betrachten wir „körperliche Objekte" als durch unmittelbare Anschauung gegeben. Diese sind diskret unterscheibdar, markierbar, nach Größe und Form oder sonstigen physikalischen Eigenschaften klassifizierbar. Man kann sie insbesondere abzählen, numerieren, anordnen nach Werten kennzeichnender Parameter. Werden sie zu Massenpunkten abstrahiert, so verlieren sie die Eigenschaft der Unterscheidbarkeit usw., werden ununterscheidbar, sie sind nicht mehr als Individuum zu kennzeichnen, außer durch Angabe ihrer Koordinaten. Die Massenpunkte werden zu Bestandteilen des physikalischen Kontinuums, wobei es zur Erfassung ihres Verhaltens der Festlegung von Maßstäben bedarf. Die körperlichen Objekte sind demgegenüber diskret. Sie können abgezählt werden, gegebenenfalls nach Eigenschaften aufgelistet. Sowohl aus körperlichen Objekten wie aus Massenpunkten können Aggregate gebildet werden, die eine Individualität auf höherer Stufe erwerben. Insbesondere kann diese Individualität verschwinden, was eine Art der Dissipation darstellt. So wie die körperlichen Objekte sind sie zur Änderung ihrer Lage und auch ihrer physikalischen Eigenschaften fähig, auch wenn sie im einzelnen aus Massenpunkten zusammengesetzt sind.

Bemerkenswerterweise befinden sich sowohl die Individualisierbarkeit der körperlichen Objekte und der aus ihnen hergestellten Aggregate wie die Nichtindividualisierbarkeit der Massenpunkte und die Individualisierbarkeit der aus diesen hergestellten Aggregate in völliger

Übereinstimmung mit den quantenmechanischen Grundgesetzen, so daß also der Widerspruch: diskret — kontinuierlich zutiefst in der Natur selbst verankert ist. Offenbar stellen sowohl das individualisierte körperliche Objekt wie das aus nichtindividualisierbaren Massenpunkten bestehende physikalische Kontinuum verschiedene Seiten der gleichen Wirklichkeit dar.[1])

Wenn man in den abzählbaren körperlichen Objekten die Grundlage der Atomistik anzuerkennen bereit ist, kann man sie als Begründung des „approximationsmathematischen" Aspektes anerkennen. (So meinte BOLTZMANN). Die nichtabzählbaren Massenpunkte können dann als Substrat des (physikalischen) Kontinuums angesehen werden, das in gewisser Analogie zum Kontinuum der realen Zahlen steht, wobei die Bemerkung von WEYL über die Individualität der Komponenten des mathematischen Kontinuums beachtet werden muß. Da offenbar beides, der diskrete und der kontinuierliche Aspekt, sich in der Wirklichkeit findet, ist eine Möglichkeit der Wirklichkeitsbeziehung der exakten Mathematik gegeben.

Ein weiterer Gesichtspunkt ergibt sich aus der Praxis der Physik seit GALILEI: Wenn man die Dinge vorurteilsfrei betrachtet, sieht man, daß der Erkenntniszuwachs der Physik aus einem permanenten Wechselspiel von Theorie, mathematischer Formulierung, experimentellen Untersuchungen und technischen Anwendungen physikalischer Grunderkenntnisse resultiert.[2]) Hierbei ist die Praxis lehrreich, daß die Berechtigung der exaktmathematischen Gleichungen als gegeben angenommen wird und alle „appoximations-mathematischen" Vorbehalte auf unscharfe Anfangs- und Randbedingungen geschoben werden.

---

[1]) Ob es gerade zwei Seiten sind, wollen wir offen lassen. Vgl. hierzu BOLTZMANN und EDDINGTON.

[2]) Siehe hierzu unser Taschenbuch „Über Physik", Akademie-Verlag, Berlin 1979.

Wir hoffen, oben dargelegt zu haben, daß das durchaus dem Sinn der klassischen Physik als der Physik der Gegenstände entspricht, für die die Axiome der euklidischen Geometrie, die Axiome der Arithmetik und Logik, d. h. der Mengentheorie, unbeschränkt Gültigkeit haben. Es ist aber keineswegs gesagt, daß außerhalb des Gebäudes der klassischen Physik die Dinge immer ähnlich sein müssen.

Der Erkenntniszuwachs in der Physik seit GALILEI und NEWTON ist zum großen Teil dadurch zustande gekommen, daß man sich nicht damit begnügte, die Natur zu beobachten, sondern auf Grund theoretischer Überlegungen und mathematischer Formulierungen experimentell durch Versuchs- und Meßeinrichtungen Rand- und Anfangsbedingungen suchte und schuf, die geeignet waren, aus potentiellen mathematisch-konsistenten Fällen reale Ereignisse zu machen.

Die meisten neuen Erkenntnisse der Physik sind so „artifiziell“ erzeugt worden. Ihre Verbindlichkeit in der Natur war zwar theoretisch anzunehmen, mußte aber oft mit ziemlichem Aufwand nachträglich in der Praxis nachgewiesen werden. Diese Physik der Artefakte hat zu einer Blüte der physikalischen Experimentiertechnik geführt, die erheblich und in ständig zunehmendem Ausmaße auch auf die allgemeine Technik gewirkt hat, man denke nur an die Übertragung der Labortechnologie auf das Gebiet der friedlichen Nutzung der Atomenergie und auf großtechnische Anlagen.

Wenn man — wiederum vorurteilsfrei — unsere gesamten Erkenntnisse der Physik überblickt, dann drängt sich etwa folgende Vorstellung von dem Aufbau des Teils der Wirklichkeit auf, für den die Physik sich als zuständig betrachten sollte, da die von ihm entwickelten Begriffe geeignet sind, sie zu erfassen.[1]) Die physikalische Wirk-

---

[1]) Siehe auch die diesbezüglichen Überlegungen in unseren Taschenbüchern „Über Physik“ und „Grundfragen der Physik,“ Akademie-Verlag, Berlin 1979 und 1980.

lichkeit besteht simultan (in räumlicher und zeitlicher Hinsicht) aus der Welt der substantiellen Partikel ($m_0 > 0$), der von dieser erzeugten elektromagnetischen Photonenstrahlung und der Neutrinostrahlung ($m_0 = 0$), den Aggregaten aus diesen (Molekülen, Festkörpern usw.) und dem Vakuum.

Alles, was wir über Physik wissen, basiert auf Beobachtungen und Messungen mit Geräten, die selbst solche Aggregate substantieller Partikel sind, und alles, was wir mit diesen ermitteln, bezieht sich auf die substantielle Welt mit ihrer Photonen- und evtl. auch Neutrinostrahlung. In dieser Welt gelten die großen Theorien der Physik: Geometrie und Relativitätstheorie, Mechanik, Elektrodynamik, Thermodynamik und die Quantenmechanik.

Die substantielle Welt durchdringend, existiert als Bestandteil der Wirklichkeit das Vakuum, Träger der elektromagnetischen Erscheinungen mit der Fundamentalgeschwindigkeit c als Grenzgeschwindigkeit einer Energie- und Nachrichtenübertragung, die Brutstätte der substantiellen Teilchen, die allerdings bei ihrem Übertritt aus dem Vakuum in die substantielle Welt den Erhaltungssätzen der großen Theorien genügen müssen und die daher zu ihrer Geburt bestimmter geeigneter Startbedingungen bedürfen.

Im Vakuum existieren alle Teilchen virtuell (Heisenberg: Jedes Teilchen besteht aus allen anderen). Wir übersehen das Geschehen im Vakuum im Rahmen von Näherungen der Theorien der substantiellen Welt. Die substantielle Welt und das Vakuum mit seinen virtuellen Teilchen sind beide Teile der physikalischen Wirklichkeit. Viele exakt-mathematisch konsistente Aussagen der Präzisionsmathematik kommen offenbar im Vakuum vor und sind damit Bestandteil der physikalischen Wirklichkeit. Bei Realisierung geeigneter, in der Natur meist kaum vorkommender Bedingungen können solche Ergebnisse der exakten Mathematik als Artefakte in die substantielle Welt eintreten und erweitern meistens erheblich unsere physikalische Sicht. Solche Artefakte sind offenbar die exotischen Teilchen, Gegenstände unserer heutigen Elementarteilchenphysik mit $E \gg m_0 c^2$, $d \ll \frac{h}{m_0 c}$, oder die makroskopischen Quantenphänomene bei tiefen Temperaturen, die speziell in der Natur nicht vorkommende Stoffe bzw. Stoffe mit einer auch nicht vorkommenden Reinheit als Voraussetzung haben, und ähnliche außergewöhnliche Bedingungen.

So ist die Physik der Artefakte das Gebiet, in der die Präzisionsmathematik — natürlich konkretisiert durch zusätzliche physikalisch sinnvolle Begriffsbedingungen im Sinne von EINSTEIN — engstens mit der Physik und ihrer Entwicklung verbunden ist.

Wir leben in einem Kosmos, der ca. 10^{80} Baryonen enthält (EDDINGTON-Zahl $\left(\frac{hc}{fm^2}\right)^2$). In diesem Kosmos können außerordentlich unwahrscheinliche Prozesse zustande kommen, wie z. B. kohärente elektromagnetische Strahlung, Energiekonzentrationen ungewöhnlichster Art, aber auch die Entstehung des Lebens aus unbelebter Substanz. Dennoch sind nicht alle Aussagen der Mathematik naturgemäß im Kosmos realisiert, da es sich hier um eine erheblich höhere Mächtigkeit der mathematischen Gedankengebilde handelt. EDDINGTONS Zahl $\sim 10^{80}$ ist zwar sehr groß, aber endlich!

Somit ist durch Substantiierung des virtuellen Geschehens im Vakuum zwar ein Teil, aber doch nur ein Teil des präzisionsmathematischen Potentials mit dem wirklichen Geschehen verbunden.

„Null ist in der Tat inhaltsvoller als jede andere Zahl."
FRIEDRICH ENGELS (1820–1895)

8. Thesen zu „Friedrich Engels und die hodogetische Bedeutung der Philosophie für die Naturwissenschaft"[1])

1. ENGELS' Werke zur Naturphilosophie und zur Methodologie der Naturwissenschaften, insbesondere seine Bücher „Anti-Dühring", „Ludwig Feuerbach" und die „Dialektik der Natur", beweisen in Fortsetzung der Werke der großen Philosophen der Natur von DEMOKRIT und ARISTOTELES über DESCARTES und SPINOZA bis zu LEIBNIZ, KANT und HEGEL die überlegene Position der großen Philosophie gegenüber den Fachwissenschaften in allen Fragen der Wichtung der Ergebnisse und Methoden dieser Wissenschaften. Sie zeigen gleichzeitig die prognostische und hodogetische Kraft der philosophischen Analyse von Inhalt und Methoden der einzelnen Naturwissenschaften.

Die marxistisch-leninistische Philosophie und der dialektische Materialismus sind der legitime Erbe der Gedanken aller großen Philosophen (von den Vorsokratikern bis zur klassischen deutschen Philosophie von KANT bis FEUERBACH). MARX, ENGELS und LENIN hoben in ihren philosophischen Schriften die naturphilosophischen, erkenntnistheoretischen und methodologischen Errungenschaften der früheren großen Philosophen auf; sie verwiesen auf deren Werke als Quellen des dialektischen Materialismus und forderten die Einzelwissenschaften zur ständigen Auseinandersetzung mit ihnen auf.

Die besondere Stellung von ENGELS in der Geschichte der Beziehungen zwischen Philosophie und Naturwissenschaften ist die erste bewußte Synthese der materialistischen Philosophie mit der Dialektik. Dadurch gewinnen

---

[1]) Von H.-J. TREDER; mit Diskussionsbemerkungen von R. ROMPE und P. A. THIESSEN.

die Naturphilosophie und die Philosophie der Naturwissenschaften bei ENGELS eine neue Qualität sowohl gegenüber DEMOKRIT und SPINOZA als auch gegenüber ARISTOTELES, KANT und HEGEL.

2. ENGELS' intensives Studium der Naturwissenschaften beruhte auf einer verabredeten Arbeitsteilung mit seinem großen Freund KARL MARX, dessen „Feuerbach-Thesen“ auch die Prinzipien der Dialektik der Natur und der Naturwissenschaft umreißen. Die grundsätzliche Frage des Wahrheitskriteriums für die Naturwissenschaften von PLATON und ARISTOTELES bis zu BACON und KANT fand ihre fachliche Teillösung in der Erkenntnis der dialektischen Einheit von Empirie und Theorie, die mit GALILEIS Methode der exakten Induktion von der Physik allen anderen Wissenschaften vorangeführt wurde. Die Frage nach dem Wahrheitsgehalt dieser Methodik selbst beantwortete ENGELS im Rahmen des historischen Materialismus durch den Hinweis auf die Bewährung der modernen Naturwissenschaften in der gesellschaftlichen Praxis.

ENGELS' Kriterium beweist im Sinne von MARXens Formulierung in seinen „Feuerbach-Thesen“ die Fähigkeit der Naturwissenschaft, zur objektiven Erkenntnis der Realität zu gelangen, daraus, daß sie es ermöglicht, auf Grund der naturwissenschaftlichen Einsichten die Welt zu verändern.

3. Grundsätzlich verweisen die großen Philosophen und verwies in Sonderheit ENGELS gegenüber der fachlich notwendigen Beschränkung der Naturforschung auf das momentan Machbare auf das „noch zu Machende“. Wie LEIBNIZ und KANT zu ihren Zeiten, so wies ENGELS die Naturwissenschaften (so auch die Physik) auf die erkenntnistheoretische Problematik der Einordnung ihrer Fachergebnisse in den Kosmos der Wissenschaften hin. Die Überzeugung der Fachwissenschaftler, die eine relative Wahrheit ist, im Rahmen vorliegender großer Theorien (wie derjenigen der klassischen Physik) nicht nur alles Bekannte verstehen zu können, sondern auch alles Denkmögliche erschöpft zu haben, beruht, wie ENGELS zeigte, auf zwei historisch verständlichen Vorurteilen:

Das erste Vorurteil ist, daß die temporären Prinzipien und Axiome der Fachwissenschaft deswegen als unabdingbar angesehen werden, weil man zur Zeit keine anderen kennt. Das zweite Vorurteil ist, daß man auf Grund dieser mangelnden Kenntnis anderer Denkmöglichkeiten gar nicht zu den Fragen vorstoßen kann, die über die akzeptierten Prinzipien hinausführen.

4. Demnach, und dies zeigte ENGELS an konkreten historischen Beispielen explicite, beruht der revolutionäre Umbruch einer Fachwissenschaft nicht nur und nicht vorzüglich auf der Entwicklung der Ideen dieser Fachwissenschaft selbst, sondern auf der Rezeption von Problemen und Ideen aus der allgemeinen Praxis und auf der allgemeinen geistigen Entwicklung der Menschheit. In bezug auf die Beziehungen zwischen der Physik und den anderen Naturwissenschaften formulierte ENGELS das Prinzip der Persistenz der physikalischen Gesetze in allen anderen Bewegungsformen der Materie bei gleichzeitiger Nicht-Reduzibilität dieser Bewegungsformen auf die physikalischen.

5. In seiner Analyse der Geschichte der Physik und der physikalischen Forschung seiner Zeit rezipierte ENGELS dementsprechend nicht nur den Weltstand der Physik, sondern stellte Fragen an die Physik, die grundsätzlich über die Physik seiner Zeit hinausführten. — Wie KANT in seiner „Naturgeschichte des Himmels“, so stellte sich ENGELS damit auch in einen bewußten Gegensatz zu der Naturwissenschaft seiner Zeit, indem er auf die weiterführenden Probleme hinwies, die die zeitgenössischen Wissenschaftler nicht bemerkten.

Solche Grundsatzfragen implizierten die Ansätze zu einer Dialektik in der Physik, die notwendig über NEWTONS Axiome und über KANTS Kategorien hinausführten.

6. ENGELS erkannte eine solche Dialektik in der mechanischen Wärmetheorie und in ihrer Beziehung zur Atomistik, d. h. in dem Gegensatz der Irreversibilität kollektiver

Prozesse und der Rerversiblität der Elementarakte. (Die entsprechenden Seiten von ENGELS' „Natur-Dialektik“ enthalten prinzipiell die Antworten, die später BOLTZMANN auf die kritischen Anfragen von LOSCHMIDT, PLANCK und ZERMELO gab und die EINSTEIN schließlich umfassend bewies.)

7. Des weiteren sah ENGELS mit KANT die Dialektik der kosmogonischen Entwicklungsprozesse in ihrem Zusammenhang mit der physikalischen Struktur der Materie. ENGELS forderte, daß die „Raumerfüllung“ durch die Atome einerseits und die universelle kosmische Gravitation andererseits Extremfälle der Dynamik des Kosmos sind. M. E. wird die heutige Diskussion in der Astrophysik über die Beziehung zwischen Expansions- und Kontraktionsprozessen durch ENGELS' Auffassung prinzipiell beantwortet.

8. Als Kritik gegenüber den Prinzipien und Methoden der klassischen Physik lehnte ENGELS die „Ptolemäische Methode“ der Einführung immer neuer Kräfte zwischen den Partikeln als letzte Erklärung des physikalischen Geschehens ab. ENGELS' auf HEGEL verweisende Kritik an dieser Methode ist vorbildlich für die Einschätzung jeder „trivialen Lösung“ physikalischer Probleme durch Vervielfältigung ursprünglich unitärer Prinzipien.

9. Unter voller Betonung der grundsätzlichen Priorität philosophischer Prinzipien gegenüber einzelwissenschaftlichen Theorien hob ENGELS aber sowohl die Notwendigkeit ständiger schöpferischer Bereicherung und Konkretisierung dieser Prinzipien auf Grund der einzelwissenschaftlichen Einsichten als auch die Nicht-Deduzierbarkeit der konkreten Gesetze aus den allgemeinen Prinzipien hervor.

10. Genauso wie ENGELS vor einer positivistischen Trivialisierung der Naturwissenschaften warnte, so warnte er auch vor einer Trivialisierung der Philosophie zu einer „Universal-Wissenschaft“ mit „Kurzschlüssen“ vom Abstrakten auf das Konkrete ohne den riesigen Zwischenbau der Prinzipien-Theorien der Naturwissenschaften.

9. Rundtischgespräch zum 25. Todestag Albert Einsteins

(Gesprächspartner der Zeitschrift „spectrum":

H. Hörz, R. Rompe und H.-J. Treder)[1])

spectrum: Vor einem Jahr begingen wir den 100. Geburtstag Albert Einsteins. Wie schätzen Sie die wissenschaftlichen Aktivitäten aus diesem Anlaß in der DDR ein?

Prof. Rompe: Auf diese Frage habe ich mir bereits für die Tagung der Physikalischen Gesellschaft in Leipzig eine Antwort überlegt: Die Würdigungen Einsteins bestätigen, daß sein Berliner Aufenthalt von 1914 bis 1933 als ausschlaggebend für seine Bedeutung in der Wissenschaft anerkannt wurde. Damit erhielten die Feierlichkeiten in der Hauptstadt der DDR eine zentrale Rolle in der Welt. Die Möglichkeiten, auch über die Physik auf viele andere Disziplinen einzuwirken — wie in den zwanziger Jahren in Berlin —, hat Einstein später nie wieder erhalten. Das wurde auch durch die rund 200 Wissenschaftler aus 20 Ländern, unter ihnen viele Nobelpreisträger, unterstrichen, die wir am 1. und 2. März 1979 zur wissenschaftlichen Konferenz im Plenarsaal der Akademie begrüßen konnten.

Die Humboldt-Universität zu Berlin veranstaltete eine zweitägige Konferenz, auf der auch Studenten Vorträge hielten. Und schließlich waren Akademie, Universität und Physikalische Gesellschaft an einer Einstein-Feier der Industrie in Stahnsdorf beteiligt; in jenem Werk des Kombinates Mikroelektronik, wo das Einstein-Denkmal steht.

---

[1]) Das Gespräch führten Hildegard Hesse und Horst Hoffmann, siehe spectrum (1980) Heft 4, pp. 7–11.

Prof. Treder: Die Würdigung Einsteins ging aber weit über die akademischen Kreise hinaus. Der Kulturbund, die URANIA, die Kammer der Technik und unsere Volksbildung beschäftigten sich mit der Persönlichkeit des großen Gelehrten. In vielen Schulen — beispielsweise in Neuenhagen bei Berlin, Angermünde, Weißenfels und in Caputh bei Potsdam —, die Einsteins Namen tragen, wurde Einstein geehrt. Das Bekenntnis des Weltfriedensrates zu Einstein als Friedenskämpfer, Humanist und Antifaschist spiegelte sich in den Fachzeitschriften und auch in den Massenmedien wider.

spectrum: Sie, Professor Hörz, nahmen an Einstein-Veranstaltungen im Ausland teil ...

Prof. Hörz: Die erste Veranstaltung die ich besuchte, war das UNESCO-Symposium in Einsteins Geburtsstadt Ulm und in München, wo er seine Kindheit verbrachte. Dort kam nur ein kleiner Kreis von 15 Experten zusammen, der sich mit der Wirkung wissenschaftlicher Ideen Einsteins auf die Gesellschaft beschäftigte. Das besondere Anliegen der UNESCO ist es ja, die Einflüsse der Wissenschaft auf die Gesellschaft zu untersuchen. Ihr Generaldirektor, Amadou-Mahtar M'Bow (Senegal), wies auf die unterschiedlichen Aspekte dieses Themas hin und unterstrich die Notwendigkeit, die Rolle des Wissenschaftlers und seine moralische Verantwortung für die Gesellschaft genauer zu untersuchen.

Die 100-Jahr-Feier in Bern, bekanntlich gelangen Einstein dort die drei Entdeckungen — Gesetz der Brownschen Molekularbewegung, Lichtquantenhypothese und Spezielle Relativitätstheorie — war die zweite Konferenz, an der ich teilnahm. Hier wurden physikalische Probleme von der Quantentheorie bis zur Kosmologie und auch philosophische Fragen wie Freiheit, Humanismus, Kunst bis zu Auffassungen von Theologen behandelt. Zum Beispiel äußerte sich der Schweizer Maler und Einstein-Porträtist Erni über das Verhältnis von Wissenschaft und

Kunst. Für manche Diskussionen, von denen ich drei Tendenzen hervorhebe, war Einstein nur der Anlaß:

- Die anwesenden Naturwissenschaftler, die meist aus kapitalistischen Ländern kamen, vertraten einen realistischen, meist naturwissenschaftlich-materialistischen Standpunkt. Geht man von der Leninschen Einschätzung aus, so handelt es sich oft um einen Realismus, der zwar die Existenz von etwas außerhalb und unabhängig von unserem Bewußtsein als Objekt naturwissenschaftlicher Forschung anerkennt, andererseits aber die Gottesidee und irrationale Einflüsse auf die Ethik zuläßt.
- Bürgerliche Philosophen wiederum vertraten gewisse irrationale Auffassungen; zum Beispiel wurde die Zeit als Mythos betrachtet oder die Existenz einer wissenschaftlichen Weltanschauung geleugnet.
- In der Auseinandersetzung mit europäischen, philosophischen Traditionen gab es den Versuch, außereuropäische Philosophien, wie die indische, asiatische und andere, in die Diskussion einzubeziehen.

spectrum: In Westberlin fand eine Gedächtnisausstellung zum 100. Geburtstag von Albert Einstein, Max von Laue, Otto Hahn, Lise Meitner mit Vortragsveranstaltungen statt. Wie ist diese sogenannte Gemeinschaftswürdigung von vier Gelehrten zu verstehen?

Prof. Treder: Formaler Anlaß für diese Veranstaltung, die vom damaligen Bundespräsidenten der BRD, Walter Scheel, eröffnet wurde, war der Zufall, daß Lise Meitner, Otto Hahn, Albert Einstein und Max von Laue zum „guten Jahrgang 1879" gehören. Die Absicht, die dahintersteckt, verstimmt: Die Persönlichkeit Einsteins, die verschiedenen Kreisen besonders in den USA und der BRD politisch unsympathisch ist, soll heruntergespielt werden. Max von Laue, Otto Hahn und Lise Meitner sind ehrwürdige Forscher von großer wissenschaftlicher Wirkung. Aber sie sind eben keine Einsteins und haben nicht seine exzeptionelle Bedeutung. Die Nivellierung spielt aber auch die Rolle der anderen herunter. Lise Meitner war eine rassisch Verfolgte des Naziregimes, die emigrieren mußte; Otto Hahn, ein kaisertreuer, konservativer Ehrenmann, betrachtete Hitler als eine „Niete“ und den Faschismus als „Panne“; Max von Laue jedoch, der prononcierte konservative Antifaschist, erkannte zwar in Hitler den Verbrecher, sah aber nicht, wie es zu dieser Katastrophe kommen konnte. Einstein war der einzige von ihnen, der bis zur Erkenntnis der Ursachen für das Entstehen des Faschismus vorstieß und daraus Konsequenzen zog.

spectrum: Mitunter wird Einstein als Marxist bezeichnet ...

Prof. Hörz: ... Dafür vielleicht ein Beispiel von der Berner Tagung. Dort trat ein Wirtschaftswissenschaftler und Gesellschaftstheoretiker mit der Bemerkung auf, Einstein sei mit seiner Kritik an der kapitalistischen Gesellschaft Marxist. Bei ihm, übrigens auch bei anderen, diente Einstein aber nur als Aufhänger, um eigene idealistische, metaphysische Auffassungen über die Entwicklung der Gesellschaft darzulegen. Andererseits bezeichnete man ihn wiederum als Pessimisten. Für uns, die wir Einstein niemals als Marxisten reklamiert haben, sind beide Einschätzungen unrichtig. Sie scheinen nur Anlaß zu sein, um darzulegen, daß weder die westlichen noch die östlichen Konzepte für Frieden und Entspannung ausreichen.

spectrum: In seiner Arbeit „Physik und Realität“ vertrat Einstein die Meinung, Wissenschaft sei nur eine „Verfeinerung des Alltagsdenkens“. Wie läßt sich sein Verhältnis zur Bildung des Volkes einschätzen?

Prof. Rompe: Wir haben die Feierlichkeiten zum 100. Geburtstag des großen Gelehrten nicht nur als Frage der Pietät angesehen, sondern als Stimulierung schöpferischer Potenzen in allen Schichten der Bevölkerung unserer Republik. Die positiven Auswirkungen solcher

Bemühungen sind für die Welt des Kapitals keineswegs selbstverständlich. Einstein vertrat zeit seines Lebens die Meinung, daß Verbreitung von Bildung ein wesentliches Element menschlichen Fortschritts darstellt. Aus dieser Erkenntnis heraus hat er vieles getan, was damals für Wissenschaftler fast verpönt gewesen ist.

spectrum: Gerade darin grenzen wir uns doch deutlich von der westlichen Welt ab!

Prof. Rompe: Ja, das ist einer der springenden Punkte für den Unterschied zwischen Sozialismus und Kapitalismus. Betrachten Sie nur das Ausweichen in die sogenannten Billiglohnländer, in denen beispielsweise Autos oder Kameras am Fließband entstehen — mit angelernten Arbeitern und Automaten, die das Lernen überflüssig machen. Der Roboter hat ja hüben und drüben qualitativ völlig andere Funktionen. Im Sozialismus: Verringerung der schweren und eintönigen Arbeit und Erhöhung der schöpferischen Tätigkeit; im Kapitalismus: Verringerung der Arbeitsplätze, Erhöhung der Ausbeutung und der Arbeitslosigkeit.

Aber es gibt noch eine zweite Komponente, die sich positiv bei uns auswirkt. Einstein forderte vom Forscher: „Du sollst aus der Erkenntnissuche keinen Broterwerb machen." Nun gibt es aber viele Wissenschaften, die vor allem dem „Broterwerb" der Gesellschaft dienen. Hier stehen bei der Auswahl von Themen die Erfolgsaussichten im Vordergrund. Der Wissenschaftler bemüht sich, Vorschläge zu machen, die in den Plan hineinpassen und in einer vernünftigen Zeit Resultate bringen. Die Beschäftigung mit Einstein verstärkt meines Erachtens bei vielen jüngeren Kollegen das Verständnis und den Wunsch, neben der notwendigen Erfüllung der Planaufgaben auch zur Festigung der Fundamente der Physik beizutragen. Ich halte das für einen positiven Effekt. Ich habe auch den Eindruck, daß unsere Publikationen zum 100. Geburtstag des großen Gelehrten viele Kollegen zum Nachdenken über die Kreativität des Wissenschaftlers angeregt haben.

spectrum: Schaut man sich die westliche Presse an, erkennt man auch hier eine gewisse Diffamierung Einsteins. Sehr typisch dafür ist das „Zeitmagazin“, 11/1979, aus der BRD. Daraus nur drei wörtliche Behauptungen: „Einstein haßte Deutschland“; „im Alter wollte das Genie in Ruhe vertrotteln“; und „was er zur Verantwortung des Wissenschaftlers zu sagen hatte, ist nicht sehr tiefgründig. Die Sklerose hat sein Denken verflacht.“

Prof. Treder: Das sind genau drei Kernpunkte, in denen die Reaktion von Bonn bis Washington Einstein ablehnt. Er haßte niemals sein Vaterland Deutschland, sondern stets nur den Faschismus aller Coleur. „Ich liebe Deutschland, ich liebe seine Sprache, sein Volk. Aber ich liebe nicht den Krieg, ich liebe den Frieden!“ — antwortete er Max Planck, der gemeinsam mit Walter Nernst 1913 nach Zürich gefahren war, um mit Einstein nach seiner Wahl in die Akademie die Übersiedlung nach Berlin zu beraten.

Auch die zweite Behauptung über die „Vertrottelung“ ist eine Bösartigkeit. Hier wird der Haß spürbar gegen Einsteins Kritik an der amerikanischen Atompolitik und am kapitalistischen Wirtschaftssystem. Das gleiche gilt für die dritte Lüge; Einstein war sich der humanistischen Verantwortung des Wissenschaftlers durchaus bewußt und hat gerade in den letzten Jahrzehnten und Jahrfünften seines Lebens anregende Problemstellungen für die Beschäftigung des Physikers mit erkenntnistheoretischen, methodologischen und allgemeinphilosophischen Grundfragen gegeben. Eines allerdings ist traurige Wahrheit: Im Gegensatz zu Berlin, wo Einstein zwei Jahrzehnte im Mittelpunkt eines Kreises von Gelehrten wirkte, lebte er in Princeton 22 Jahre lang verhältnismäßig isoliert und vereinsamt. Bewußt oder unbewußt wurde er dort als ehrwürdige Mumie in einen Museumsschrank gestellt. Weil man Einstein nicht direkt angreifen wollte, wurde nach folgendem Prinzip verfahren: Der alte Herr versteht sowieso nichts mehr. Was er sagt, nehmen wir freundlich zur Kenntnis und vergessen es wieder.

Prof. Rompe: Hierzu noch eine kleine Ergänzung: Es kommt nämlich noch eine Komponente dazu, die ich den Übereifer der Jüngeren nennen möchte. In der Physik gab es ebenfalls große Männer, deren Schüler römischer waren als der Papst. Zeitweilig wurde auch die Bedeutung Einsteins von den Nachfahren etwas in den Hintergrund gedrückt. So war von Mitte der dreißiger bis Mitte der sechziger Jahre die Diskussion über die Grundlagen der Quantentheorie einfach weg vom Tisch. Wer davon anfing, wurde sofort als Konservativer abgestempelt — einschließlich Einstein, der zu alt sei, um das zu verstehen. Es hat lange gedauert, bis eine neue, vorurteilsfreie Generation herangewachsen war. Doch dann kamen hervorragende junge Theoretiker, zum Beispiel in den USA, die eine Weiterführung der Diskussion über diese hochkomplizierten Probleme forderten. Ich will nicht sagen, daß all diese Versuche glückhaft waren, aber es begann eine Renaissance Einsteinschen Denkens.

spectrum: Ist das nicht auch ein Problem der Wechselbeziehungen zwischen Physik und Philosophie?

Prof. Hörz: Ich habe gerade ein Interview gelesen, das Werner Heisenberg gegen Ende seines Lebens gegeben hat. Darin bezieht er sich auf ein Gespräch mit Einstein kurz vor dessen Tod. Dieser habe zwar alle bis dahin gewonnenen Tatsachen anerkannt, sei aber mit der Interpretation der Quantenmechanik nicht einverstanden gewesen. Stellen wir heute die Frage, wie es mit den erkenntnistheoretischen, methodologischen und philosophischen Ideen Einsteins aussieht, dann möchte ich daraus antworten: Wenn sich Physiker bemühen, gesicherte Forschungsprogramme abzuarbeiten, dann werden sie kaum diese tieferen Ideen von Einstein interessieren. Bemühen sie sich aber um die Grundfragen der Physik, kommen sie nicht an Einstein vorbei.

Prof. Rompe: Gestatten Sie mir noch ein Beispiel aus einem ganz anderen Bereich anzufügen. In den letzten Jahren seines Lebens hat Einstein die „Autobiografischen Notizen“ verfaßt, die von unglaublicher Tiefe sind. Unser bekannter Musiktheoretiker Georg Knepler erzählte mir, daß er diese Aufzeichnungen mehrfach mit großem Genuß gelesen habe. Sie gaben ihm Anregungen für den Prozeß des Schöpferischen, für den er sich als Kunstwissenschaftler besonders interessiert.

spectrum: Zu den späten Schriften Einsteins gehört ja auch sein Beitrag „Was ist Sozialismus?“ aus dem Gründungsjahr unserer Republik. Welche Rolle haben diese Arbeiten bei den Feierlichkeiten gespielt?

Prof. Hörz: In unseren Veranstaltungen und Publikationen sind Einsteins gesamte Friedenspolitik, seine Kapitalismuskritik, sein Verhältnis zur Arbeiterklasse und zur Sowjetunion gebührend gewürdigt worden. Für mich war interessant, daß man es in den kapitalistischen Ländern gar nicht so gern hört, wenn wir zum Beispiel auf den Vortrag Einsteins in der MASCH, „Was muß der Arbeiter von der Relativitätstheorie wissen?“, oder auf den Artikel in der „Roten Fahne“ anläßlich seines 50. Geburtstages hinwiesen, der sich grundsätzlich mit dem Verhältnis von Relativitätstheorie und dialektischem Materialismus befaßt. Das alles paßt nicht in das Bild der Bourgeoisie von dem Unverständnis und der Ablehnung Einsteins durch die Arbeiter. Das gleiche gilt für die antikapitalistischen und prosozialistischen Gedanken Einsteins.

Interessant ist, daß sich auch bei hervorragenden Persönlichkeiten widersprechende Auffassungen finden. Inkonsequenzen werden hochgespielt und zum Beispiel auch die Kritik Einsteins am dialektischen Materialismus, die er in einer gewissen Verärgerung zum Ausdruck gebracht hat. Was er jedoch nie aufgegeben hat, war seine hohe Wertschätzung von Marx, den er in eine Reihe mit

Moses und Spinoza stellte, und von Lenin, den er einen Hüter und Erneurer des Gewissens der Menschheit nannte.

Prof. Rompe: Aus dem Briefwechsel mit Max Born, der über dreißig Jahre währte, ist ersichtlich, daß Einstein sich gegen jede Diffamierung der Sowjetunion wandte.

Prof. Treder: Würde Einstein heute in der BRD leben, stünde er wegen politischer Unzuverlässigkeit unter ständiger Beschattung durch den Verfassungsschutz. So wie dessen Vorgänger im Kaiserreich und in der Weimarer Republik ihn allein wegen der Mitgliedschaft im „Bund Neues Vaterland“ und in der „Gesellschaft der Freunde des Neuen Rußland“ bespitzelten. Das Berufsverbot wäre ihm sicher.

Prof. Rompe: Natürlich ist Einstein manchen Leuten drüben unheimlich, kann sich doch jeder ausrechnen, wie er auf die Brüsseler NATO-Beschlüsse zur Stationierung von „eurostrategischen“ Kernraketenwaffen in Westeuropa reagiert hätte: Mit einem klaren Nein!

spectrum: Was läßt sich über die Einstein-Editionen des vergangenen Jahres sagen?

Prof. Treder: Zunächst einmal muß dem Akademie-Verlag der DDR Dank gesagt werden für seine großartige Leistung bei der Herausgabe entsprechender Publikationen. Nehmen Sie nur den Band mit den 16 Vorträgen führender Wissenschaftler aus sozialistischen und kapitalistischen Ländern, die alle davon ausgehen, daß die Fragen, die Einstein aufwarf, einerseits Grundlagen der Physik unserer Zeit bilden, andererseits aber weit darüber hinausgehen ...

Prof. Rompe: ... herrlich ist auch die Kassette mit Einsteins Akademie-Vorträgen über Geometrie und Physik, Quanten und Statistik, Makrokosmos und Mikrokosmos, Quanten- und Relativitätstheorie — die erkennttnistheoretischen und methodologischen, physikalischen und philosophischen Fragen, über die wir hier diskutierten ...

Prof. Hörz: ... hervorheben muß man die beiden Bände „Einstein in Berlin“, spiegeln sie doch wider, daß er sich hier am meisten zu Hause gefühlt hat. In den USA konnte ich feststellen, daß gerade diese Veröffentlichungen aus der DDR bei den amerikanischen Kollegen die stärksten Eindrücke hinterließen.

spectrum: Und wie sieht es mit ausländischen Publikationen aus?

Prof. Treder: Die italienische Akademie der Wissenschaften hat Bände herausgebracht, in denen der Versuch unternommen wird, auf der Grundlage von Gedanken und Ideen, Fragestellungen und Einwendungen Einsteins, seinen Einfluß darzustellen — von Amerika bis zur Sowjetunion. Nicht zu vergessen ist der Band Einstein-Editionen, den New Port in den USA herausbrachte; er gehört zu den schönsten und volkstümlichsten, die es gibt. In Absprache mit der UNESCO entstand ein Einsteinbuch für Oberschulen, das ein internationales Autorenkollektiv in England und den USA herausgegeben hat.

Prof. Hörz: Es hat aber dem Herausgeber Anthony French, mit dem ich kürzlich in den USA sprach, große Schwierigkeiten bereitet, dieses Projekt durchzusetzen.

spectrum: Wann ist mit einer Gesamtausgabe zu rechnen? Immerhin hat Einstein neben 274 wissenschaftlichen Arbeiten 332 Artikel zu allgemeinen Themen publiziert. In seinem Nachlaß befinden sich außerdem noch zahlreiche unveröffentlichte Schriften und Briefe, die 28 Aktenordner füllen.

Prof. Treder: Gegen den amerikanischen Nachlaßverwalter Professor Nathan sind in reaktionären Zeitschriften der USA und der BRD scharfe Angriffe gestartet worden. Meiner Meinung nach ist aber Nathans Kritik an der beabsichtigten Edition völlig berechtigt: erstens ist sie stark kommerziell orientiert; zweitens sehr individualistisch geprägt; drittens wurde eine kuriose Auswahl von Texten getroffen. Das Ergebnis wäre keine Einstein-Gesamtausgabe, sondern eine Einstein-Willkürausgabe. Ohne die volle Nutzung der in Bern und Berlin archivierten Materialien bliebe ein solches Unterfangen Stückwerk.

Prof. Rompe: Ich glaube, die Zeit ist noch nicht reif für ein solches Projekt. Überlegen Sie doch einmal zum Vergleich, wie lange es gedauert hat, bis die Leibniz-Ausgabe nicht zustande gekommen ist. Ein so riesiges Werk wie der Nachlaß von Einstein ist in so kurzer Zeit nicht zu bewältigen. Meiner Meinung nach ist auch der Abstand noch zu klein und der Streit der Auffassungen zu stark.

spectrum: Was aber kann bis dahin getan werden, um einem breiteren Publikum den ganzen Reichtum Einsteinscher Gedanken zu erschließen?

Prof. Rompe: Ich möchte hier einen Vorschlag machen, zu dem mich das Studium des Referats von Erich Honecker auf dem 11. Plenum des Zentralkomitees der SED anregte. Dort wurde meiner Meinung nach erstmalig in dieser Prägnanz der absolute Wert der wissenschaftlich-technischen Bildung für das Volk herausgestellt: „Wissenschaft und höhere Bildung sind zu erstrangigen Faktoren der Entwicklung in allen gesellschaftlichen Bereichen geworden ... Um den wissenschaftlich-technischen Fortschritt weiter zu beschleunigen, ist es von großer Bedeutung, die wissenschaftliche Bildung in den mathematisch-naturwissenschaftlichen und technischen Disziplinen sowie in den Gesellschaftswissenschaften zu erhöhen ...“

Das bedeutet, daß die jungen Menschen nicht nur das lernen, was sie unmittelbar für die Arbeit brauchen, sie müssen die Dinge in ihrem Zusammenhang erkennen und begreifen können. Dazu gehört bis zu einem gewissen Ausmaß auch das Denken in Sphären, die Einstein seinerzeit beschäftigt haben. Deshalb sollten wir uns überlegen, ob wir nicht eine Art Einstein-Lesebuch für die interessierte Jugend herausbringen könnten. Neben autobiografischen Notizen müßte es eine Reihe von Aufsätzen wie zum Beispiel „Physik und Realität" enthalten, die er über sein Leben verteilt publiziert hat. Durch eine Gemeinschaftsarbeit von Physikern und Philosophen ließe sich in kurzer Zeit etwas Schönes anbieten.

spectrum: Was sagt der Philosoph zu diesem Vorschlag?

Prof. Hörz: Er kommt uns entgegen, und wir sind sehr bereit mitzuarbeiten. Ich persönlich begrüße die Herausgabe eines solchen „Bildungsbuches", wenn ich es einmal so bezeichnen darf. Es entspräche auch den Ansätzen, die von der UNESCO gemacht wurden. Mir wäre dabei wichtig, daß wir vor allem das Schöpferische in Einsteins Denken herausarbeiten, das Spiel mit Begriffen, das Experiment mit Gedanken. Mit den vorhandenen Materialien ließe sich die ganze Vielfalt seiner Persönlichkeit als Physiker, Humanist und Philosoph darstellen.

10. Forschung und Intensivierung

(Festvortrag von R. Rompe auf dem Leibniz-Tag 1976)

Herr Präsident, meine Damen und Herren!

Vor uns steht die Aufgabe, unter den Bedingungen der DDR die Wissenschaft umfassend so einzusetzen, daß der wissenschaftlich-technische Fortschritt, der Hauptfaktor der Intensivierung der Volkswirtschaft, in für unsere Gesellschaft optimalen Richtungen und Zeiten vor sich geht.

Es ist unser erklärtes Vorhaben, das Leben unserer Bürger zu sichern, zu erleichtern, ihnen die Möglichkeit zu geben, es interessanter und kulturvoller zu gestalten und damit unserem großen politischen Ziel näherzukommen. Wir sind der Überzeugung, daß eine solche Aufgabenstellung nur im Sozialismus lösbar ist, da in der kapitalistischen Welt der wissenschaftlich-technische Fortschritt die krisenhaften Erscheinungen verstärkt und auf Nachteile für Menschen und ganze Staaten hinausläuft.

Zu einem so verstandenen, beherrschten wissenschaftlich-technischen Fortschritt gehört eine adäquate Wissenschaftsentwicklung. Dazu wurde in den letzten Jahren von unserer Akademie, dem Ministerium für Hoch- und Fachschulwesen und dem Ministerium für Wissenschaft und Technik eine gute Grundlage erarbeitet. Hierbei geht es nicht nur um die vornehmlich an Einrichtungen der Akademie und des MHF betriebene Grundlagenforschung, sondern auch um die z. T. noch zu verstärkende zweig- und erzeugnisspezifische Grundlagenforschung, ohne die weder eine genügend schnelle Realisierung der Ergebnisse der Grundlagenforschung noch eine hohe Qualität und technische Reife der Erzeugnisse zustande kommt.

Unsere Aufgabe ist mit Sicherheit lösbar, wenn wir alle Potenzen der Wissenschaft ausschöpfen. Sie ist aber keineswegs einfach, geht es doch hierbei um eine Grundlagenforschung, die sich der Aufdeckung der Gesetzmäßigkeiten in Natur und Gesellschaft, der Herausarbeitung neuer Wege und Möglichkeiten für die Umgestaltung der Produktivkräfte, der Schaffung von neuen Techniken und Technologien für die weitere Gestaltung der entwickelten sozialistischen Gesellschaft und von grundlegenden Voraussetzungen für den allmählichen Übergang zum Kommunismus widmet. Es handelt sich um eine Grundlagenforschung, die den Umfang unserer fundamentalen Erkenntnisse erweitert, stimulierend auf die angewandte Forschung und die Überführung von wissenschaftlichen Ergebnissen in die gesellschaftliche Praxis wirkt und mit ihren Ergebnissen direkt auf die Produktion einzuwirken vermag.

Sie schafft mit Voraussetzungen, um eine durchgreifende Erhöhung der Qualität unserer Erzeugnisse, eine Erhöhung ihrer Lebensdauer, die Verhinderung bzw. Minderung der Belastung der natürlichen Umwelt durch Abprodukte, eine entscheidende Senkung des spezifischen Verbrauchs an Natur- und Rohstoffen, Materialien und Werkstoffen pro Einheit der Produktion durch Erhöhung des Veredlungsgrades der Produktion, eine weitere Verringerung des Aufwandes an lebendiger Arbeit in der Produktion, die schrittweise Beseitigung von körperlich schwerer und geistig monotoner Arbeiten zu erreichen.

In unseren Tagen kommt der gesellschaftlich sinnvoll eingesetzten materiellen Produktion eine überragende politische Bedeutung zu. – Deshalb sollte sich in der sozialistischen Gesellschaft jeder einzelne im Rahmen seiner Möglichkeiten, ganz besonders der Wissenschaftler, auf dem Schlachtfeld der materiellen Produktion zu bewähren bemühen.

Ich bin mir darüber im klaren, daß ich in meinen Ausführungen nur einen schmalen Ausschnitt aus dieser gewaltigen Gesamtproblematik behandeln kann. Es wird sich auch mehr um das Aufzeigen von Problemen, als um Lösungen handeln. Zwei bedeutungsvolle Fragen möchte ich ausklammern:

1. die der angemessenen Ausstattung der fundamentalen und der zweigspezifischen Forschung mit Geräten, Anlagen, Spezialbauelementen, Materialien. Hier sind einige produktive Festlegungen erarbeitet worden, deren Wirksamwerden abzuwarten sich empfiehlt;
2. die der angemessenen Organisation und Leitung der wissenschaftlichen Prozesse. Hier verspricht die Diskussion in den traditionellen Gremien unserer Akademie, Präsidium, Klassen und Plenum, die in ihren Reihen qualifizierte Vertreter von Mathematik, Naturwissenschaften, Medizin, Technik und Gesellschaftswissenschaft vereinen, besonders im Zusammenwirken von Natur- und Gesellschaftswissenschaftlern, Ergebnisse der Meinungsbildung, auf die später zurückzukommen lohnend sein wird. —

Die Ausarbeitung einer adäquaten Wissenschaftsstrategie wirft tiefgreifende Probleme auf:

1. Das Einzugsgebiet der Grundlagenforschung ist unbegrenzt und unerschöpflich. Ihre ständig wachsende Aussagefähigkeit wird bestimmt durch die Leistungsfähigkeit ihrer Forschungsmethoden, theoretische und experimentelle, vor allem durch Elektronik und Wissenschaftlichen Gerätebau, die im Prozeß der Forschung weiterentwickelt werden.
2. Das Wirksamwerden der Ergebnisse der Wissenschaft in der Gesellschaft, insbesondere in der Sphäre der materiellen Produktion, erfordert personelle und materielle Aufwendungen, die auf den für den wissenschaftlich-technischen Fortschritt maßgebenden Gebieten vergleichbar sind mit denen für die Erzielung der wissenschaftlichen Ergebnisse selbst; sie sind in der Regel größer. Bei diesen Aufwendungen nehmen die verschiedensten Beiträge der Grundlagenforschung an

Umfang und Gewicht zu; sie beschleunigen langfristig den Prozeß der Umsetzung wissenschaftlicher Ergebnisse in die Praxis.

Die Grundlagenforschung hat demnach eine mehrfache Funktion. Man kann mit einer für die Grundlagenforschung geeigneten Einrichtung mit etwa gleichen Aussichten auf Erfolg bei entsprechender Ausrüstung

- extensiv neue Erkenntnisse gewinnen, unabhängig von derzeitig vorhandenen Realisierungsmöglichkeiten
- proportioniert Erkenntnisse gewinnen und ihre Überführung durch technologisch orientierte Beiträge sichern helfen
- Ergebnisse aus dem Weltfundus entnehmen und sie technologisch für die Nutzung in der Produktion zubereiten.

Welche Variante zweckmäßig ist, hängt von einer Reihe von gesellschaftlichen, ökonomischen, wissenschaftlichen Kriterien ab. Eine Forschungsorganisation, wie sie die Akademie darstellt, kann integral Beiträge für alle Varianten erbringen und praktiziert das auch. Man soll sich aber davor hüten, von dem einzelnen Institut zu verlangen, daß es in jedem Zeitabschnitt in jedem seiner Vorhaben der Doppelfunktion gerecht wird. Die Naturwissenschaft, die technischen Wissenschaften und die Medizin haben sich in der ersten Hälfte unsereres Jahrhunderts sozusagen elementar-extensiv entwickelt. Zweifellos hat hierbei die Nutzung ihrer Ergebnisse durch die Technik diese Entwicklung gefördert, insbesondere unter kapitalistischen Bedingungen. Die gesellschaftliche Wirksamkeit der Wissenschaft nahm außerordentlich stark zu und ihre Auswirkungen beeinflußten maßgebend die materiellen Entwicklungsmöglichkeiten der Gesellschaft. Es genügt wohl, auf Rundfunk und Fernsehen, Fernsprecher und Fernschreiber, Energieanlagen und Luftverkehr, Erzeugnisse der chemischen und pharmazeutischen Industrie hinzuweisen. Vor allem ist es die Versorgung der Gesellschaft mit Energie, insbesondere Elektroenergie, die für die künftige Entwicklung der Gesellschaft entscheidend ist. Lenins prophetisches Wort: Kommunismus = Sowjetmacht + Elektrifizierung des ganzen Landes, erhält immer größere aktuelle Bedeutung.

In vorgerückter Phase der elementar-extensiven Entwicklung der Wissenschaft ist ein gewaltiges Anwachsen des Fundus an Erkenntnissen und Forschungsmethoden, vor allem in die Breite, an einigen Stellen auch in beachtliche Tiefe, entstanden. Diese Entwicklung erfolgte nur partiell im Zusammenhang mit der der Produktion und anderer gesellschaftlicher Anwendungen. So kommt es, daß trotz eines scheinbaren „Überangebotes" an Ergebnissen der Grundlagenforschung auf einigen wesentlichen, auch auf für die Nutzung bedeutungsvollen Strecken, ein echtes Defizit an Leistungen der Grundlagenforschung vorliegt, vor allem an Beiträgen der Grundlagenforschung zur Technologie, worüber weiter unten noch zu sprechen sein wird.

Da die Ergebnisse nicht immer dort und dann vorliegen, wo und wann sie gebraucht werden, entstanden zusätzliche Überführungsprobleme.

Natürlich wird, solange Forscherdrang und wissenschaftliche Neugier als echte Motive der Wissenschaft anerkannt sind, dieses elementar-extensive Wachstum der Wissenschaft vorhanden sein, insbesondere da die Leistungsfähigkeit der von der Grundlagenforschung im Prozeß der Forschung selbst entwickelten Forschungsverfahren diese Entwicklung katalysiert.

Es gilt aber, nunmehr im Rahmen volkswirtschaftlicher Gegebenheiten zu bleiben und die Grundlagenforschung in ihrer doppelten Funktion als Quelle der Erkenntnis und neuer Technik zu proportionieren.

Wenn die Beziehungen Grundlagenforschung—Produktion für die neuen, aus Physik und Chemie entstandenen Teilgebiete der Technik einigermaßen im Sinne des oben Gesagten klar sind, so kann man das nicht von vornherein für die großen älteren Gebiete der Technik sagen, wie Bergbau, Metallurgie, Herstellung von Glas und Keramik und auch den für uns in der DDR so bedeutungsvollen Maschinenbau. Das ist ein ernstes Problem, denn diese nehmen im volkswirtschaftlichen Geschehen nach wie vor den größten Teil ein und spielen auch bei der Realisierung von Ergebnissen modernster Zweige der Wissenschaft eine entscheidende Rolle. In dieser Beziehung liegen große Entwicklungsmöglichkeiten und Verpflichtungen für die Verstärkung der Grundlagenforschung als bedeutender Intensivierungsfaktor. Die moderne Grundlagenforschung der Physik und Chemie hat in ihrem Zusammenwirken mit den aus ihr hervorgegangenen Gebieten der Technik eine Leistungsfähigkeit erreicht, die es ermöglicht, ihr die Aufgabe zu stellen, die Effektivität unserer traditionellen Technik zu steigern und damit eine Massenwirksamkeit der Grundlagenforschung herbeizuführen, die über das heute Erreichte hinausgeht. Aus dieser Situation heraus muß die Orientierung für die Wissenschaften sein: Intensivierung, Steigerung der Effektivität, Verbesserung des Verhältnisses von Aufwand zu Leistung, wie sie vom VIII. Parteitag der SED ausging und vom IX. Parteitag eindringlich bestätigt wurde.

Die folgenden Gedanken hierzu stützen sich hauptsächlich auf Erfahrungen, die in der Physik gewonnen wurden. Aber da die Physik zweifellos eine sehr reichhaltige und vielseitig entwickelte Wissenschaftsdisziplin geworden ist, mit einem außerordentlich weitreichenden Betätigungsfeld in der gesellschaftlichen Nutzung und Wirksamkeit, mit einer besonderen Verantwortung für die Intensivierung durch Elektronik und wissenschaftlichen Gerätebau, mit erheblicher Bedeutung für die Formung des dialektisch-materialistischen Weltbildes, können Überlegungen aus ihrem Bereich mehr oder weniger auch in anderen Grundlagendisziplinen von Interesse sein.

Ich darf als bekannt voraussetzen, daß die Planung des wissenschaftlich-technischen Fortschritts und seiner ökonomischen Absicherung eine komplexe Aufgabe ist, die praktisch das Gesamtspektrum der Wissenschaft anspricht und deshalb gemeinsam von Naturwissenschaftlern (einschließlich Mathematikern), Medizinern, Technikern und Gesellschaftswissenschaftlern betrieben werden muß. Das hierzu erforderliche Ausmaß an Kooperation aller Disziplinen wird entwickelt werden müssen. Sie wird zweifellos einen bedeutenden Intensivierungseffekt auslösen, auf der anderen Seite der Grundlagenforschung neue fundamentale Probleme aufzeigen.

An dieser Stelle gestatten Sie mir ein Wort zum Begriff fundamental. Definitionen sind keineswegs konventionell, sie müssen so festgelegt werden, daß sie die gewollte Entwicklung fördern. Wir müssen ihn zweckmäßigerweise im Sinne unserer Wissenschaftsentwicklung seit dem VIII. Parteitag verstehen. Man sollte fundamental nicht als gleichbedeutend mit „gut" oder „wertvoll" gebrauchen. Es gibt zweifellos auf fundamentalen Gebieten — s. unten — Arbeiten, die nicht gut und wertvoll sind. Fundamental sollte auch nicht als „nicht anwendbar" gebraucht werden — wir haben vor 10—15 Jahren im Scherz gesagt, „nicht alles, was sich nicht anwenden läßt, ist fundamental!" — Fundamental ist doch wohl ein Problem, dessen Lösung uns auf unserem Weg vom Sozialismus zum Kommunismus weiterbringt.

Bei der Erarbeitung langfristiger Konzeptionen auf den Gebieten der Physik erwies es sich als sinnvoll, eine Klassifizierung der fundamentalen Probleme vorzunehmen, in Probleme von besonderer gesellschaftlicher Bedeutung, wie Energie, Elektronik, ferner interdisziplinäre Beiträge, die die Entwicklung der großen Disziplinen fördern, und schließlich interne Grundlagenprobleme der Disziplinen. In der Physik und auch in der Chemie und den Nachbarwissenschaften hat sich diese Systematisierung bewährt. Auch in der Biologie gibt es Anhänger. Unter den aus der Grundlagenforschung entstandenen neuen Gebieten der Technik gibt es einige, über die vornehmlich das Eindringen der Grundlagenforschung in die meisten Gebiete der klassischen Technik erfolgt und die entscheidend zur Intensivierung aller für den wissenschaftlich-technischen Fortschritt bestimmenden Gebiete der Technik sind. Ich nenne hier die Energie, besonders Elektro-Energie, und die Elektronik, besonders elektronische Bauelemente. Beide Gebiete liefern typische Beispiele für fundamentale Probleme.

Ich möchte darauf näher eingehen.

Wir erhielten vor nunmehr 20 Jahren die Möglichkeit, mit wahrhaft großzügiger und brüderlicher Hilfe der UdSSR die friedliche Nutzung der Atomenergie und insbesondere die für uns erforderlichen Grundlagen einer Kernenergetik aufzubauen. Die hierbei gewonnenen Erfahrungen einer notwendigerweise extrem langfristigen Planung, der Bewegung von sehr großen personellen und materiellen Mitteln, repräsentieren einen gewaltigen Erfahrungsschatz, der um so wertvoller ist, als in ihn auch ein gut Teil der von unseren sowjetischen Freunden akkumulierten Erfahrungen eingeflossen ist. Hier sind außerordentlich interessante Beispiele einer zweckmäßigen Arbeitsteilung und Spezialisierung hinsichtlich der bei uns langfristig zu entwickelnden Aktivitäten auf einschlägigen Grundlagenforschungsgebieten wie auch bei der Entwicklung der dazu gehörigen Ausrüstungen und Anlagen gewonnen worden.

Man kann sagen, daß die schnelle Realisierung von Kernkraftwerken auf der Basis von Druckwasserreaktoren sich so relativ rasch und reibungslos vollzogen hat, weil sie sich an erprobte Technologien der Dampfkraftwerke haben anschließen lassen. Es mag für einen Außenstehenden vielleicht fremdartig sein, daß an einem Atomkraftwerk das allermeiste in das Gebiet klassischer Physik und Technik fällt; allerdings mit einer spezifischen Anpassung an die Erfordernisse der nuklearen Technik, vor allem in bezug auf Zuverlässigkeit und Sicherheit. Die hierbei gewonnenen Erfahrungen speziell über Zuverlässigkeits- und Sicherheitsfragen sind für Anlagen auf anderen Gebieten der Technik bahnbrechend. Um mich allgemeinverständlicher auszudrücken, wird der allgemeine Anlagenbau durch die nuklearen Anlagen etwa in derselben Weise beeinflußt, wie der allgemeine Automobilbau durch die Erfahrung mit Rennwagen beeinflußt wurde, bis er einen hohen technischen Reifegrad erreicht hatte. Die Entscheidung, bei hoher technischer Reife sich nicht mehr an Rennen zu beteiligen, ist dann durchaus wieder ein Intensivierungsfaktor. Soweit ist es aber bei der Kernenergetik noch nicht!

An einem Beispiel der Kernenergetik kann man eine nützliche Erkenntnis prüfen: Ergebnisse der Wissenschaft lassen sich dort schnell zur gesellschaftlichen Wirksamkeit bringen, wo Elemente schon voll durchgebildeter Systeme mit entsprechender technischer Reife herangezogen werden können. Unsere technische Welt von heute ist viel reichhaltiger und entwickelter als die von vor 75 Jahren. Damals mußten die Systeme „elektrische Beleuchtung" oder „Auto" alles für ihre Realisierung Erforderliche weitgehend selbständig aus dem Boden zaubern und brauchten dann aber 40 bis 50 Jahre zu ihrer vollen Durchsetzung. Heute bestehen mehr Möglichkeiten der planmäßigen Nutzung von Kombinationen von Teilergebnissen geeigneter Systeme zur Erzielung von Durchbrüchen an geplanten, gesellschaftlich bedeutungsvollen Stellen.

Erforderlich ist, daß dieser multivalenten Nutzung von gesicherten Ergebnissen und beherrschten Technologien keine Schranken entgegenstehen, etwa wie sie sich im Kapitalismus durch den Konkurrenzkampf der Monopole ständig neu entwickeln. Diese Mischung von alter und neuer Technik als Voraussetzung für einen positiven gesellschaftlichen Effekt und einen stetigen und kontinuierlichen „wissenschaftlich-technischen Fortschritt als einheitlichen Prozeß der Neuerung" wurde in der sowjetischen Literatur vor dem XXIV. Parteitag diskutiert. Ich glaube, daß auf dem Gebiete der nichtkonventionellen Großerzeugung von Elektro-Energie tatsächlich die Entwicklung sich so realisieren wird, daß, gestützt auf die gesicherte Technologie einer Generation von Anlagen, die nächste sich wird aufbauen lassen; nach unseren heute verwendeten Druckwasser-Spaltungsreaktoren die Schnellen Brüter mit ihrer Technologie, deren Technologie nutzend, die Fusionsreaktoren.

Natürlich ist das Nebeneinander wissenschaftlich beherrschter Teile der Technologie mit intuitiv empirisch beherrschten eine Tatsache, mit der man — wie aus dem oben Genannten ersichtlich — auch bei modernsten Teilen der Technik, wie Kernenergie oder Halbleitertechnologie, rechnen muß. Wenn dem nicht so wäre, wäre das Wort vom „know how" überflüssig. Das bringt manche Unsicherheit mit sich, die bekanntlich eintritt, wenn man z. B. ein Verfahren an einen anderen Ort verpflanzen will. Das zweite Beispiel eines Gebietes der unmittelbar aus der Grundlagenforschung entstandenen neuen Technik, welches als mächtiger Intensivierungsfaktor für neue Gebrauchseigenschaften, Materialökonomie und Qualität auf allen Gebieten der konventionellen Technik wirkt, sind die Elektronik und ihr Herzstück, die elektronischen Halbleiter-Bauelemente. Auch hier liegt unser Beginn über 20 Jahre zurück. Man hat damals im Scherz gesagt, wir versuchten, die Halbleiter-Elektronik „auf der grünen Wiese aufzubauen". Allerdings darf man die grüne Wiese nicht zu ernst nehmen, denn immerhin ist auf dem Gebiet der Elektronik die Entwicklung durchaus folgerichtig nach dem oben genannten Verfahren des Aufbaues neuer Technologien auf älteren abgelaufen. Auf der Technologie der Glühlampenproduktion in den letzten Jahrzehnten des vorigen Jahrhunderts baute sich Anfang dieses Jahrhunderts die Produktion der Vakuum-Elektronenröhren (Radioröhren) auf, und zwar so rasch, daß bereits vor Ausbruch des 1. Weltkrieges die ersten weitgehend mechanisierten Produktionsstätten für Radioröhren analog zu entsprechenden Anlagen der Glühlampenfertigung realisiert wurden. Die weitere Vervollkommnung der Radioröhren, die Beschäftigung mit energiesparenden Oxid-Katoden ebenso wie mit den in der elektrischen Beleuchtung eingeführten Leuchtstoffen führten zu einer

Beschäftigung mit Halbleitern, die vor etwa 30 Jahren den großen Durchbruch zur Halbleiterelektronik vorbereitete. Ohne die technologische Rückentdeckung der zu jener Zeit schon klassisch gewordenen Bauelemente wie Radioröhren, Leuchtstoffröhren, wäre die Produktion der Halbleiter sicher nicht so rasch realisiert worden. In der Halbleiterelektronik spielt die Grundlagenforschung auf dem Gebiet der Halbleiterphysik eine äußerst bedeutungsvolle Rolle. Die Halbleiterphysik hat wiederum eine neue Qualität gezeigt, bei welcher die vertiefte Leistungsfähigkeit der Quantentheorie des Festkörpers unmittelbar den Umfang und die Möglichkeiten der Nutzung bestimmt.

Ich darf daran erinnern, daß die Halbleiter-Bauelemente am Anfang ihrer Entwicklung erhebliche „Kinderkrankheiten" hatten und daß auf einer Mitte der fünfziger Jahre organisierten Zuverlässigkeitskonferenz zwei erfahrene Postverwaltungen Westeuropas, die Frankreichs und die der Bundesrepublik, sich dagegen ausgesprochen hatten, Halbleiter-Bauelemente im Postdienst einzusetzen, da diese mit unzureichender Stabilität und mangelnder Parameterkonstanz behaftet seien. Danach, und vor allem durch die Forderungen der Militärtechnik, setzte eine neue, mit enormen Mitteln vorgetriebene Entwicklung ein, die mit einem Aufwand, der nur verglichen werden kann mit dem für die nuklearen Waffen, die heute allgemein übliche Silizium-Epitaxie-Planar-Technologie hervorgebracht hat. Diese wiederum hat zu den hochstabilen Bauelementen von heute geführt und den nächsten Schritt ermöglicht, den Übergang zu integrierten Schaltkreisen mit ihren neuartigen Anforderungen an die optische und elektronische Verkleinerungstechnik. In dieser Phase ist der Preis für eine Bauelementefunktion innerhalb von 30 Jahren um mehrere Größenordnungen gefallen, während gleichzeitig die Zuverlässigkeit um Größenordnungen anstieg und Service und Wartung abnahmen. Gegenwärtig wird es möglich, komplexe elektronische Funktionen mit hoher Zuverlässigkeit,

z. B. in Form der Mikroprozessoren, zu realisieren. Man kann erwarten, daß in den nächsten 10 Jahren dadurch der elektronische Gerätebau, und nicht nur er, große Veränderungen erfährt. Gleichzeitig entstehen neue Forderungen für die Ausbildung der Facharbeiter und Entwicklungsingenieure.

Ich wollte, wenn auch nur skizzenhaft, andeuten, wie außerordentlich anspruchsvoll die Halbleitertechnik und -technologie hinsichtlich ihrer Anforderungen an die Grundlagenforschung sind, andererseits ist die Halbleiterelektronik ein so mächtiger Faktor der Intensivierung aller Gebiete der Naturwissenschaft und Technik und auch der physikalischen Grundlagenforschung selbst, daß, während man eigentlich überall in der Intensivierung der Produktion und der Wissenschaft die Aufgabe der Zukunft sieht, die elektronischen Bauelemente mancherorts noch extensiv entwickelt werden auf der Grundlage der Intensivierung ihrer Technologien. So verringert sich beim Übergang von der bipolaren TTL- zur unipolaren MOS-Technik die Zahl der Prozeßschritte von 140 auf 40, und damit kommt es zu einer beachtlichen Senkung der Herstellungskosten.

Die Nahtstelle zwischen Grundlagenforschung und ihrem Wirksamwerden in der materiellen Produktion liegt im Zuständigkeitsbereich der Technologie. Die wissenschaftlich durchdrungene und von der Wissenschaft beherrschte Technologie, für die sowohl die Erkenntnisse der Natur- und technischen Wissenschaften als auch vor allem die riesige Summe der Erfahrungen aus der täglichen Produktion eine Einheit bilden müssen, kennzeichnet heute die technische Leistungsfähigkeit eines Landes. Obwohl die „anschaulich-praktische“, besser intuitiv-empirische Methode der Erarbeitung von Technologien in bestimmten Grenzen durchaus leistungsfähig ist und nicht viel kostet — davon zeugt nicht nur die „vorwissenschaftliche“ Geschichte der Technik mit ihren bewundernswerten Denkmälern —, ist ihr Nachteil nicht schlechthin die mindere Leistungsfähigkeit, sondern die starke Abhängigkeit von speziellen Fähigkeiten, die stärkere Beanspruchung des Menschen, die schlechtere Lehrbarkeit und die schlechtere Elastizität, die Schwierigkeit einer Kooperation verschiedener „Spezialitäten", die das Gelingen des Werkes von ganz bestimmten menschlichen Talenten, Rohstoffen und Faktoren abhängig macht, ohne aufzuzeigen, wie man sich im Falle geänderter Bedingungen helfen kann. Bei Erzeugnissen, die Kooperation verschiedener Kunstfertigkeiten voraussetzen, kann es starke Schwankungen geben. Der Austausch von Erfahrungen ist erschwert. Der wissenschaftlich fixierte Bestand einer Technologie läßt sich einfacher und freier von Interpretationsschwierigkeiten übermitteln, die Zurückführung auf bekannte und gesicherte Naturgesetze garantiert eine Stabilität des Verfahrens auch bei schwankenden Parametern oder auch bei Ausfall von kenntnisreichen, kundigen Personen, mit denen häufig hervorragende Technologien „ausgestorben" sind. Es ist nicht zu bezweifeln, daß es in den nächsten Jahren und Jahrzehnten ein Hauptanliegen der Wissenschaft sein muß, diese im Gang befindliche Eroberung der klassischen Technologie fortzusetzen und durchzuführen.

Vom heutigen Technologen verlangen wir somit eine hervorragende wissenschaftliche Ausbildung und die Fähigkeit, etwas zu schaffen, was bisher in der Natur in dieser Form nicht existiert. Diese Forderung ist auch heute notwendig, obwohl die Geschichte der Technik zeigt, daß in den letzten 75 Jahren die Fortschritte der Technik auf neuen Gebieten zu einem großen Teil von Vertretern der Grundlagenforschung der naturwissenschaftlichen Hauptdisziplinen ausgelöst und angebahnt wurden. — Dabei wäre zu bemerken, daß hervorragende Vertreter der Grundlagenforschung auch als Konstrukteure und Technologen Ausgezeichnetes leisteten, man denke an Newton oder Helmholtz. — Als Beispiele seien genannt: in der Chemie das bis heute noch aktuelle Haber-Bosch-Verfahren der Stickstoffixierung, wobei dieses besonders interessant ist für die Zusammenarbeit eines Physikochemikers und eines Technologen, oder der Beginn der drahtlosen Telegraphie (Hertz, Popow, Marconi, Braun) oder die Halbleiterelektronik, die Kernenergie, die Antibiotika, die Rechentechnik, um nur einige zu nennen. Die von Gustav Hertz entwickelte labormäßige Technologie der Isotopentrennung mit Diffusionskaskaden wurde lange Zeit industriell angewandt, ebenso die von Bardeen, Brattain und Shockley entwickelte Transistor-Technologie der Produktion elektronischer Bauelemente. Durch derartige wissenschaftlich hochgebildete Technologen gewinnt man noch einen weiteren entscheidenden Vorteil: man kann die Produktion mit Labor-Technologie beginnen und diese weiterentwickeln. Es ist mir nicht bekannt, daß bedeutende neue Probleme der modernen Technik in den letzten 50 Jahren auf anderem Wege entstanden sind. Diese Erfahrungen müssen für die Intensivierung herkömmlicher klassischer Technologien umfassend genutzt werden.

M. E. ist ein enger Kontakt mit den Problemen und Sorgen einer Industrieproduktion nur von Wissenschaftlern zu bewältigen, die in der zweigspezifischen Grundlagenforschung „in einem Hause" tätig ist. Das bedeutet z. B. für die Physiker, eine Fülle von ihnen zunächst vom Studium her fremder Fragestellungen zu bewältigen.

Das bedeutet aber auch eine innere Einstellung zur Arbeit, die G. Hertz als Antwort auf die Frage: „Was ist für einen in der Industrie tätigen Physiker wesentlich?" folgendermaßen beschrieb:

„Vor allem muß er ein guter Physiker sein. Er soll sich stets der Tatsache bewußt sein, daß das Ziel seiner Arbeit die Lösung technischer Aufgaben ist. Das gilt auch für den in der industriellen Grundlagenforschung Tätigen. Bei jeder neu gewonnenen Erkenntnis sollte er sich fragen: Gibt es ein technisches Problem, zu dessen Lösung diese Erkenntnis beitragen kann?

Dazu ist er nur in der Lage, wenn er die Probleme seines Industriezweiges kennt und sich dafür interessiert.

Ein Wissenschaftler, dessen Interesse ‚wachgehalten' werden muß, sollte lieber etwas anderes tun."
Mit diesen einfachen Worten ist so viel ausgesagt, daß man sie auch hätte als Leitmotiv eines Vortrages zu Fragen der Intensivierung wählen können. Da ist die innere Einstellung zur Arbeit, beginnend in der Schule, an der Universität und im Berufsleben; das Durchdrungensein von der Bedeutung der Aufgabe, der Enthusiasmus aller Beteiligten. Alle großen wissenschaftlichen Leistungen, wie der Aufbau der Quantenphysik oder der großen Gebiete der Technik, wie Energietechnik, Elektronik, Flugtechnik, Auto, haben ihre Mitarbeiter begeistert. Ohne diese innere Einstellung und Initiative wären diese wunderbaren Schöpfungen menschlichen Geistes nicht zustande gekommen.

Deshalb ist die Ermittlung und Vorgabe aussichtsreicher, begeisternder Gebiete und Probleme so bedeutungsvoll. Die hierzu erforderliche große Erfahrung wird sich meist nur im Kollektiv aufbringen lassen, insbesondere da es darauf ankommt, auch die gesellschaftlichen Auswirkungen voll zu erforschen, die fortschrittlichen Seiten zu stärken, negative zu dämpfen. Diese Beurteilung darf sich nicht auf einen einmaligen Akt beschränken, sie muß, solange die Aufgabe bearbeitet wird, permanent sein. Gelegentlich verschieben sich Akzente der gesellschaftlichen Bewertung oder die technologisch zu vertretenden Aufwendungen, und es kann vorteilhafter sein, die Arbeiten abzubrechen bzw. neu zu orientieren. Man muß an die demoralisierende Wirkung von langen ergebnislosen Arbeiten denken und diese negativen Effekte ebenso beachten wie die stimulierende Wirkung einer Erfolgsperiode.

Intensivierung bedeutet in diesem Zusammenhang auch, die Reste falscher Bewertungsmaßstäbe der Wissenschaftler, unabhängig davon, ob sie als Forscher oder Technologen tätig sind, auch untereinander zu überwinden, d. h. die falsche Ansicht, daß der Grundlagenforscher wertvoller sei als der, der sich mit technologischen Fragen abgibt. Das muß sich letztlich widerspiegeln in der Lenkung der Absolventen nach Eignung und Begabung, denn die intellektuelle Kapazität eines Landes ist nicht beliebig groß, und kollektive Arbeit verlangt ebenfalls gute Wissenschaftler.

Die notwendige Forderung, die Probleme seines Industriezweiges zu kennen, enthält unter den Bedingungen unserer nationalen Forschungsstrategie tiefgreifende Probleme.

Die neuen Aufgaben erfordern, daß unsere Industrie ihre spezifische Grundlagenforschung betreibt. Gegenwärtig fragen die in der industriellen Forschung und Entwicklung Tätigen meistens direkt die Mitarbeiter von Akademien und Hochschulen ab. Da sich aber diese Einrichtungen „über der Straße“ befinden, kennen deren Mitarbeiter die technischen Probleme der Industrie nicht immer genügend. Natürlich hat sich seit dem VIII. Parteitag hier viel verändert, als die Akademie sich auf eine neue Qualität ihrer Verantwortlichkeit gegenüber einer auf den wissenschaftlich-technischen Fortschritt gerichteten Grundlagenforschung der DDR orientiert hat.

Ich möchte besonders auf die überbetrieblichen sozialistischen Arbeitsgemeinschaften verweisen und als Beispiel die des Berliner Kombinats NARVA und des WF nennen, die viel zum gegenseitigen Verständnis beigetragen haben und noch viele Reserven besitzen, die intensiv genutzt werden müssen. Dazu gehören auch die Treffen der leitenden Mitarbeiter der Partnereinrichtungen bis zu gemeinsamen, ohne jeden bürokratischen Aufwand durchgeführten Beratungen der Parteiorganisationen und nicht zuletzt der systematische, bisher immer noch im Ansatz steckende personelle Austausch von Mitarbeitern der Partnereinrichtungen.

Wenn wir im Rahmen der Intensivierung von der Beschleunigung der Überführung sprechen, dann ist dieser Austausch dringend notwendig. Die Dialektik Forschungsmethode — Betriebstechnologie beinhaltet auch die Notwendigkeit der zeitweiligen Industrietätigkeit der Gesellschaftswissenschaftler, die hier ein breites

Betätigungsfeld im Sinne der schöpferischen Praxis finden. Bei Werkleitern und leitenden Mitarbeitern in unserer sozialistischen Industrie sollten zeitweilige Assistenten aus der AdW zur Regel werden. Mit dieser Maßnahme würden wir auch dafür wirken, daß sich die Gesellschaftswissenschaftler eine höhere naturwissenschaftliche und technische Bildung aneignen. Schöpferische Zusammenarbeit in diesem Sinne ist nur möglich, und unser Mitglied Jürgen Kuczynski hat das in seinem Vortrag auf der Physikertagung 1975 betont, wenn die Partner die Probleme jeder Seite verstehen. Und auch hier möchte ich auf die Worte Gustav Hertz' zurückgehen: wenn dieses Interesse künstlich „wachgehalten" werden muß, dann sind die Verbindungen lange nicht so innig, wie wir sie für die Lösung der Intensivierungsprobleme brauchen. In diesem Zusammenhang einige Worte über das alte und immer wieder neue Problem der Effektivität des Studiums an der Hochschule und der Effektivität des Absolventen der Hochschule in der Praxis: Hier liegt eine gewaltige Intensivierungsreserve, die erschlossen werden kann, wenn die Ausbildung und innere Einstellung im Studium so gestaltet wird, daß die Absolventen für Forschung und Technologie gleich gut gerüstet sind.

Ich will das an einem Beispiel aus der Physik erläutern. Wir wissen, daß das Prinzip der Einheit von Forschung und Lehre volle Gültigkeit hat für jede Forschung in dem Sinne, daß jeder Universitätslehrer neben seiner Lehrtätigkeit forschen und Gelegenheit und Möglichkeiten dazu erhalten muß und andererseits jeder Forscher der AdW und in der Industrie soweit als möglich eine Lehrtätigkeit in geeignetem Rahmen ausüben sollte. Die Einheit von Forschung und Lehre sichert die schöpferische Weiterentwicklung der Gebiete und verhindert beamtenhaftes Erstarren der Wissenschaft.

Wenn wir die Intensivierung und eine Konzentration auf echte Schwerpunkte in Forschungsinstituten verstärkt fordern, so muß die Lehre in gewisser Breite den Blick der Studierenden für die großen Zusammenhänge erhalten und ihnen die Einheit der Physik — wie der anderen Grunddisziplinen — vermitteln. Gustav Hertz hat erzählt, daß er, der zunächst Mathematik studiert hatte, von der Physik gerade wegen der unübersehbaren Fülle von Einzelheiten abgeschreckt wurde, bis er in Berlin den damals nicht an allen Universitäten gehaltenen Kurs über theoretische Physik von M. Planck gehört hat. Da wurde ihm klar, daß die Physik eine durchaus der Weitervermittlung fähige Wissenschaft ist. Der Kurs der theoretischen Physik ist ein wesentlicher Faktor zur Erhaltung der Einheit der Disziplin, er ist das Fundament für weitere Vertiefung, das allen Physikern weitgehend eindeutig denselben Ausgangspunkt vermittelt. Man hört auch heute immer wieder, daß, wenn Studenten der Physik im Studium weiter fortgeschritten sind, z. B. den Kurs über theoretische Physik gehört haben, bei ihnen der Eindruck entsteht, daß eigentlich alle wesentlichen Fragen gelöst sind. Das ist keine neue Meinung.

Vor 80 bis 90 Jahren haben bekanntlich M. Planck und A. Einstein ähnliches zu hören bekommen. Wenn dann der Student mit technologischen Fragen in Berührung kommt, stellt er fest, daß das Studium zwar eine Menge grundsätzlich wichtiger Dinge vermittelt hat, daß aber für die technischen Probleme davon nur in begrenztem Umfang etwas abfällt. Der Absolvent bekommt den Eindruck, daß er für die Technik nicht ausgebildet ist. Beim ersten Einsatz in der Industrie entsteht dann, etwas zugespitzt formuliert, der Praxisschock.

Die Technologie vermittelt dem Wissenschaftler einen unmittelbaren Einblick in die Unerschöpflichkeit der Welt und die in ihr ablaufenden Vorgänge, ebenso wie den Kontakt mit noch unerforschten Gebieten der Wissenschaft. Nur auf dem Niveau von Lehr- bzw. Handbüchern ist alles klar und selbstverständlich. Aber eine moderne Produktionstechnologie läßt sich nur bis zu einem gewissen Grade auf Lehrbuch- und selbst Handbuchwissen reduzieren — siehe das oben über „know how“ Gesagte! Das gilt nicht nur für die Physik. Man könnte ebenso treffende Beispiele aus der Chemie bringen. Aus Zeitmangel muß ich mir das hier versagen. Der Wissenschaftler, der sich mit technologischen Fragen beschäftigt, muß zu seiner fachlichen Qualifikation, wie oben gesagt, noch die schöpferisch-konstruktiven Fähigkeiten erwerben, die den Technologen seit jeher ausgezeichnet haben.

Die Wissenschaft hat seit Galilei große Fortschritte erzielt, indem sie mit neuen komplexen — experimentellen und theoretischen — Methoden den passiven Vorgang der Naturbetrachtung und -beschreibung zu einem aktiven Abringen der Naturgesetze „mit Hebeln und Schrauben" entwickelt hat. Man sollte daran denken, daß Galilei diese neue Methode an einem Ingenieurproblem, der Festigkeit und Zuverlässigkeit von Bauteilen, Balken und Trägern, entwickelt hat. Die Forschungsmethodik der modernen Wissenschaft ist sehr verwandt der Technologie, und in dieser methodischen Sphäre berühren sich Forschung und Technologie. Hier liegt eine Möglichkeit, das alte Dilemma: Effektivität des akademischen Unterrichts — Effektivität des Absolventen in der Praxis — zu überwinden.

Da die Intensivierung in wohl allen Zweigen der Technik, aber auch in Naturwissenschaft und Medizin mit der Einführung elektronischer Geräte und Anlagen verbunden ist und deren effektive Nutzung nur in der Hand erfahrener Kollektive gewährleistet ist, ergibt sich ein recht weites Feld der praxisorientierten Heranführung jüngerer Wissenschaftler. Gut wäre es auf jeden Fall, wenn die Absolventen in der Industrie einen von älteren, erfahrenen Kollegen gehaltenen Kurs über die wissenschaftlich-technischen Spezifika und die technologischen Möglichkeiten des Industriezweiges bzw. des Kombinats oder Betriebes erhalten würden.

Ich möchte zurückkehren zu den Problemen der gesellschaftlichen Wirksamkeit und habe bereits am Beispiel der Kernenergie und der Halbleiterbauelemente gezeigt, daß hier die Grundlagenforschung als Intensivierungsfaktor in wohl allen anderen Zweigen der Wissenschaft spürbar ist. Auf diese Weise kommt eine Einwirkung der Grundlagenforschung auch auf die klassischen Gebiete der Technik zustande.

So ist die Entwicklung der Physik in den vergangenen Jahrzehnten u. a. dadurch gekennzeichnet, daß viele physikalische Effekte — meist aus dem atomaren oder subatomaren Bereich — gefunden und genutzt wurden, um vorteilhafte Meßverfahren zu entwickeln, welche sich durch höhere Präzision, Zerstörungsfreiheit oder Automatisierungsfreundlichkeit auszeichnen.

Besonders bedeutsam für die Forschung und Volkswirtschaft sind die modernen physikalischen Verfahren für

- chemische Analyse
- biochemische Analyse
- BMSR-Technik
- EDV-Technik
- Elektronik
- Werkstoff-Diagnostik
- Prozeß- und Anlagendiagnostik
- Prozeßsteuerung zur Intensivierung der Forschung oder Produktion.

Ich würde dazu auch die ständige Bereitstellung hochkomplizierter Meß-, Diagnose- und Prüfmethoden rechnen, die im Rahmen der Grundlagenforschung entwickelt, aufgebaut, verbessert und in vielen Fällen im Sinne des Wortes kultiviert werden.

Solche Methoden, wie etwa die Rauschdiagnostik für Kernreaktoren oder elektronische Bauelemente, finden unmittelbare, bedeutende ökonomische Effekte hervorrufende Anwendungen in der Technik. Sie sind heute nicht mehr wegdenkbare Instrumente zur Erhöhung der Zuverlässigkeit und damit der Verfügbarkeit von komplizierten und zugleich aufwendigen Objekten wie Kernkraftwerken, aber auch von elektronischen Konsumgütern, mit denen jeder von uns täglich Umgang hat, also Radio und Fernsehempfänger. Um eine stabile Produktion letzterer zu gewährleisten, bedarf es heute der Raster-

Elektronenmikroskopie mit Kollektiven mit langjähriger Erfahrung auf diesem Gebiet, ein Umstand, der wenig bekannt ist.

Was den für uns so bedeutungsvollen Maschinenbau anbelangt, so ist für ihn elektronische Ausrüstung Intensivierungsfaktor ersten Ranges, der zur bedeutenden Einsparung von Material und Energie führt.

Darüber hinaus gibt es aber direkte Anfragen des Maschinenbaus an die Grundlagenforschung, ich nenne nur die Oberflächenbehandlung mit physikalischen Technologien, wie etwa Ionitrieren. Ich kann hinweisen auf den Plenarvortrag von Herrn Weber im Juli, welcher dieser Problematik gewidmet war.

Die unmittelbaren Beiträge verdienen sorgfältige Beachtung und Förderung: weil meistens, wie oben angedeutet, die Praxis Dinge wissen will und muß, die die Grundlagenforschung gerade nicht mehr beantworten kann. Damit entsteht aber ein neues fundamentales Problem — z. B. das Langzeitverhalten von Werkstoffen, das Verhalten von Werkstoffen bei ungewöhnlicher Beanspruchung durch Strahlung elektromagnetischer oder korpuskularer Art. Gelegentlich ist es aber so, daß die Entwicklung angemessener leistungsfähiger Methoden möglich ist, aber Aufwand und Zeit kostet. Natürlich zeigt die Entwicklung auf dem Gebiet der Kerntechnik, besonders der nicht friedlichen, oder der Halbleiterelektronik, daß durch Einsatz großer Mittel Enormes erreicht werden kann. Aber nicht immer ist die gesellschaftliche Motivation so stark wie in diesen beiden Fällen. Auf jeden Fall wäre es nützlich, eine Auflistung solcher aus der Praxis entstandenen fundamentalen Probleme und eine Einschätzung des für ihre Lösung erforderlichen Aufwandes vorzunehmen.

Das hier Vorgetragene soll die Bedeutung einer den Ansprüchen der Praxis adäquaten theoretischen Forschung unterstreichen. Ich habe dabei jene Bemerkung Lenins aus dem Philosophischen Nachlaß im Auge: „Dadurch, daß das Denken vom Konkreten zum Abstrakten aufsteigt, entfernt es sich, wenn es richtig ist, nicht von der Wahrheit, sondern kommt ihr näher, ... alle wissenschaftlichen (richtigen, ernstzunehmenden, nicht unsinnigen) Abstraktionen spiegeln die Natur tiefer, getreuer, vollständiger wider."

Es ist auch sicher richtig, daß Einsichten von größter Tiefe und Allgemeingültigkeit in der Physik mit sehr bescheidenem Aufwand gewonnen wurden. Etwa die Existenz der Trägheit durch Galilei oder die Existenz von Quanten des elektromagnetischen Feldes von Planck und Einstein. Nach Planck ist deren Existenz aus dem allen zugänglichen Umstand ersichtlich, daß man extrem schwache Lichtquellen, z. B. sehr weit entfernte Sterne, mit dem Auge sehen oder photographieren kann. Obgleich Planck seine Entdeckung auf einem wesentlich aufwendigeren Weg gewonnen hat! Daneben gibt es für die Praxis bedeutende fundamentale Fragen, die ohne hohen Aufwand theoretisch nicht behandelt werden können.

Die Erforschung des seinerzeit von Galilei vernachlässigten Luftwiderstandes hat sehr viel mehr gekostet als die Entdeckung der Trägheit. Die im Entstehen begriffene Luftfahrtindustrie rechtfertigte jedoch den hohen Aufwand. Eine gute Theorie ist extrem praktisch, es gibt sie leider nur bei entsprechendem Aufwand, zum mindesten für die für die Praxis bedeutungsvollen Probleme.

Ich möchte noch einige Worte zu den internen Problemen der Physik und Chemie sagen. Hier gibt es wiederum Fragen, die in einer bestimmten Epoche gelöst werden können, und solche, die für später offenbleiben müssen.

Dabei ist die Bemühung um ein, wie sich dann zeigen kann, zeitweise nicht lösbares Problem nicht unbedingt unproduktiv. Als J. H. van't Hoff zugewählt wurde, sagte er in seiner Antrittsrede am 26. 2. 1896:

„Es stand damals, in den 70er Jahren, so ziemlich fest, daß die Chemie ihre tiefere mathematische Begründung durch die Atommechanik hindurch erhalten würde und daß schließlich im Molekül etwa ein mikroskopisches Planetensystem zu erblicken sei ... Wie es jedoch öfter geht, das Hauptresultat lag nicht in der Richtung des Versuchs, und so entstand auch aus der Atomlagerung im Raum nicht eine Atommechanik, sondern die Stereochemie.

Mag es dann auch schließlich mit der Chemie zur Atommechanik kommen, so viel ist klar, daß vor der Hand die Brücke zwischen Chemie und Mathematik in einem ganz anderen Gebiet liegt, und zwar in demjenigen der mechanischen Wärmelehre."

Immerhin ist die Stereochemie auch eine große Sache. Was die Atommechanik anbelangt, so konnten ihre Anliegen erst 50 Jahre später, nach den Entdeckungen von Planck, Einstein und Bohr, weitergebracht werden.

Meine Ausführungen sollen verdeutlichen, daß der wissenschaftlich-technische Fortschritt auf einer Synthese vieler geistiger und materieller Leistungen beruht, die vorhandene, vervollkommnete und neueste wissenschaftliche Erkenntnisse und Erfahrungen vereint. Bei seiner Nutzung berücksichtigen wir die Einheit von revolutionären und evolutionären, extensiven und intensiven Prozessen.

Indem sie sich in den Dienst eines konkreten gesellschaftlichen Fortschritts stellte, eröffnet sich die Wissenschaft den Zugang zu immer neuen bedeutungsvolleren Feldern der Betätigung. Sozialistische Gesellschaft und Wissenschaft fördern sich wechselseitig. Man kann das eine ohne das andere nicht entwickeln.

Ich schließe mit einem aktuellen Wort Leibnizens, der bei der Gründung der Akademie schrieb:

„Bei den scientiis ja nicht mechanicae et chimiae zu vergessen und die Sache in allem so einzurichten, daß sie sich auf alle reales scientias erstrecke."

Literaturhinweise

N. BOHR, Atomphysik und menschliche Erkenntnis. Teil I und II. Braunschweig 1956 und 1966.

L. BOLTZMANN, Vorlesungen über Maxwells Theorie. Teil I und II. Leipzig 1891 und 1893.

L. BOLTZMANN, Populäre Schriften. Leipzig 1905.

L. BOLTZMANN, Wissenschaftliche Abhandlungen, Band I bis III (ed. F. Hasenöhrl), Leipzig 1909.

B. BOLZANO, Paradoxien des Unendlichen (1851). Neudruck Leipzig 1920.

B. BOLZANO, Theorie der reellen Zahlen. Prag 1962.

M. BORN, P. JORDAN, Anschauliche Quantenmechanik. Berlin 1930.

N. BOURBAKI, Elements d'histoire des mathematiques. Paris 1960.

J. L. BROUWER, Mathematik, Wissenschaft und Sprache. Wien 1928.

G. CANTOR, Abhandlungen mathematischen und philosophischen Inhalts (ed. E. Zermelo), Berlin 1932.

P. COHEN, Set Theory and Continuum Hypothesis. New York 1966.

E. DU BOIS-REYMOND, Philosophie und Gesellschaft. Berlin 1974.

A. S. EDDINGTON, Space, Time, and Gravitation. Cambridge 1920. Deutsche Ausgabe Braunschweig 1923.

A. S. EDDINGTON, Relativitätstheorie in mathematischer Behandlung. Berlin 1925.

A. EINSTEIN, Geometrie und Erfahrung. Berlin 1921.

A. EINSTEIN, Aus meinen späten Jahren. Stuttgart 1979.

A. EINSTEIN, Akademie-Vorträge (Neudruck). Berlin 1979

A. EINSTEIN, Autobiographische Notizen (1948), (ed. P. A. Schilpp). La Salle 1979.

ALBERT EINSTEIN – A Centenary Volume (ed. A. P. French). London 1979.

ALBERT EINSTEIN – Relativity, Quanta, and Cosmology. Vol. I u. II (ed. F. de Finis). Fiorenze und New York 1979.

EINSTEIN — Centenarium 1979 (ed. H.-J. Treder). Berlin 1979.
ALBERT EINSTEIN in Berlin. Band I und II (ed. C. Kirsten und H.-J. Treder). Berlin 1979.
F. ENGELS, Ludwig Feuerbach und der Ausgang der klassischen deutschen Philosophie. Leipzig 1949.
F. ENGELS, Anti-Dühring — Dialektik der Natur. Marx-Engels-Werke Band 20. Berlin 1962.
K. GÖDEL, The Consistency of the Continuum Hypothesis. Princeton 1940.
W. HEISENBERG, Physik und Philosophie. Frankfurt und Wien 1959.
W. HEISENBERG, Der Teil und das Ganze. München 1969.
H. v. HELMHOLTZ, Einleitung zu den Vorlesungen über theoretische Physik. Leipzig 1903.
H. HERTZ, Die Prinzipien der Mechanik. Leipzig 1894.
D. HILBERT, Die Grundlagen der Geometrie (7. ed.). Leipzig 1930.
D. HILBERT, Gesammelte Abhandlungen, Bd. III. Berlin 1935.
D. HILBERT, S. COHN-VOSSEN, Anschauliche Geometrie. Berlin 1932.
J. HJELMSLEV, Die natürliche Geometrie. Hamburg 1923.
F. KLEIN, Elementarmathematik vom höheren Standpunkte aus (1896), 3. Auflage, Bd. I—III. Berlin 1924—1928.
F. KLEIN, Vorlesungen über die Entwicklung der Mathematik im 19. Jahrhundert, Band I und II. Berlin 1926 und 1927.
F. KLEIN, Vorlesungen über nicht-euklidische Geometrie. Berlin 1928.
W. I. LENIN, Materialismus und Empiriokritizismus. Moskau 1947.
W. I. LENIN, Philosophische Hefte. Berlin 1971.
H. MINKOWSKI, Geometrie der Zahlen. Leipzig 1896.
M. PLANCK, Die Einheit des physikalischen Weltbildes. Leipzig 1909.
M. PLANCK, Acht Vorlesungen über theoretische Physik. Leipzig 1910.
M. PLANCK, Theorie der Wärmestrahlung, 4. Aufl. Leipzig 1921.
PLANCK — Festband — 75 Jahre Quantentheorie. Berlin 1977.
H. POINCARÉ, Letzte Gedanken. Leipzig 1913.
H. POINCARÉ, Wissenschaft und Hypothese (3. ed.). Leipzig 1914.
B. RIEMANN, Über die Hypothesen, welche der Geometrie zugrunde liegen (ed. H. Weyl), 3. Aufl. Leipzig 1923.

R. Rompe, Ausgewählte Vorträge und Aufsätze. Berlin 1980.
R. Rompe, H.-J. Treder, Über Physik. Berlin 1979.
R. Rompe, H.-J. Treder, Grundfragen der Physik. Berlin 1980.
P. A. Thiessen, Erfahrungen, Erkenntnisse, Folgerungen. Berlin 1979.
H.-J. Treder, Geometrisierung der Physik – Physikalisierung der Geometrie. Berlin 1975.
E. Warburg (ed.), Physik in der Kultur der Gegenwart. Leipzig 1914. (2. Aufl. ed. E. Lecher, Leipzig 1925.)
C. F. v. Weizsäcker, Die Einheit der Natur. München 1971.
H. Weyl, Das Kontinuum. Leipzig 1918.
H. Weyl, Philosophie der Mathematik und Naturwissenschaft (3. ed.). Wien 1966.
E. P. Wigner, The Unity of Science. New York 1975.

Nachweis der Zitate

Vorwort

RENÉ THOM, Die Erklärung des Erfolges der „Elemente“ Euklids. In: Mathematiker über die Mathematik, Springer-Verlag, Berlin—Heidelberg—New York 1974, S. 384.

Kapitel 1:

ARCHYTAS VON TARENT, Harmonik. Übersetzt aus „Die Fragmente der Vorsokratiker“, herausgegeben von H. DIELS. In: W. CAPELLE, Die Vorsokratiker, Akademie-Verlag, Berlin 1958, S. 484.

NOVALIS, Hymnus an die Mathematik, 1797.

W. NERNST, Prinzipien der Naturforschung (1893). In: Theoretische Chemie, Verlag Ferdinand Enke, Stuttgart 1909, S. 1.

Kapitel 2:

BLAISE PASCALS Reflexionen über die Geometrie im allgemeinen (De L'esprit géométrique, 1655). Ed. von JEAN PIERRE SCHOBINGER, Schwabe & Co-Verlag, Basel/Stuttgart 1974, S. 56.

D. HILBERT, Naturerkennen und Logik (1930). In: Gesammelte Abhandlungen, Bd. III, 2. Aufl., Springer-Verlag, Berlin—Heidelberg—New York 1970, S. 384.

Kapitel 3:

G. W. FREIHERR V. LEIBNIZ, Die Monadologie (1714). In: Kleinere philosophsiche Schriften, Verlag Philipp Reclam jun., Leipzig 1966, S. 123.

L. BOLTZMANN, Über statistische Mechanik (1904). In: Populäre Schriften, Verlag Joh. Ambr. Barth, Leipzig 1905, S. 354.

Kapitel 4:

R. BOŠKOVIČ, in: Philosophiae naturalis theoria, 1759.

H. WEYL, in: Das Kontinuum, Leipzig 1918.

Kapitel 5:

A. Einstein, Physik und Wirklichkeit (1936). In: Z. f. freie deutsche Forschung, Bd. 1, No. 1, Paris 1938, S. 5.

Kapitel 6:

Emil Du Bois-Reymond, Über die Grenzen des Naturerkennens (1872). In: Vorträge über Philosophie und Gesellschaft; Philosophische Studientexte, Akademie-Verlag, Berlin 1974, S. 54.

Kapitel 7:

Leonardo da Vinci, Wesen der Geometrie (um 1500). In: Tage-Bücher und Aufzeichnungen, Paul List-Verlag, Leipzig 1952, S. 490.

Jacob Bernoulli, Ars conjectandi (1713), übersetzt und herausgegeben von R. Maussner, Verlag W. Engelmann, Leipzig 1899, S. 76.

Novalis, Hymnus an die Mathematik, 1797.

B. Bolzano, Miscellanea Mathematica (1813). In: Bolzano-Gesamtausgabe, Hrsg. Bob van Rootselaar und Anna von der Lugt, Reihe II, Nachlaß B, Wiss. Tagebücher Bd. 2. Verlag Friedrich Frommann, Stuttgart-Bad Cannstatt 1977, S. 138.

Kapitel 8:

F. Engels, Dialektik der Natur. Marx-Engels-Werke Bd. 20, Berlin 1962, S. 524.

Die Autoren

- führen die Einheit der exakten Naturwissenschaften historisch und epistemologisch auf die Permanenz der mathematischen Strukturen und auf die Persistanz der physikalischen Gesetze zurück

- zeigen, daß Mathematik und Physik zwar denselben Ursprung in der menschlichen Praxis haben, aber auf verschiedene Weise über das unmittelbar Gegebene zur Erkenntnis von Gesetzlichkeiten gelangen

- weisen nach, daß Physik und Mathematik einerseits die diskreten Objekte der substantiellen Welt und andererseits das Kontinuum des Virtuellen zu Gegenständen haben

- sagen aus, daß die Physik heute über das mathematisch Approximative zu Aussagen gelangt, die zur Präzisionsmathematik gehören

- machen erkenntlich, daß aus Relativitätstheorie, Quantentheorie und Atomistik sowohl die exakte Punktförmigkeit der Elementarpartikel als auch die exakte Reversibilität der elementaren Prozesse folgen

WISSENSCHAFTLICHE TASCHENBÜCHER